家庭整理与收纳

主　编　孙红梅
副主编　赵晨阳　刘艳波
　　　　穆崔君　石　璇
　　　　张会霞
编　者　王霜娅　邢　娜
　　　　陈姣君　林　棋
　　　　赵　丹　孙　磊

北京理工大学出版社
BEIJING INSTITUTE OF TECHNOLOGY PRESS

内 容 简 介

本教材以学习者为中心,注重立德树人、德技并修,技能知识采取任务驱动模式,校企双元合作进行教材开发和数字资源建设。

本教材分两大模块,理论模块包含整理收纳基础知识和职业素养、职业操守及服务管理;实践模块包括玄关、卧室、客厅、厨房、卫生间等空间规划与整理,也包括衣物、床品、化妆品等物品整理。

版权专有　侵权必究

图书在版编目（CIP）数据

家庭整理与收纳／孙红梅主编．－－北京：北京理工大学出版社，2023.5
　ISBN 978－7－5763－2437－2

Ⅰ.①家… Ⅱ.①孙… Ⅲ.①家庭生活－基本知识
Ⅳ.①TS976.3

中国国家版本馆 CIP 数据核字（2023）第 096575 号

出版发行／北京理工大学出版社有限责任公司
社　　址／北京市海淀区中关村南大街5号
邮　　编／100081
电　　话／(010) 68914775（总编室）
　　　　　(010) 82562903（教材售后服务热线）
　　　　　(010) 68944723（其他图书服务热线）
网　　址／http：//www.bitpress.com.cn
经　　销／全国各地新华书店
印　　刷／北京广达印刷有限公司
开　　本／787 毫米×1092 毫米　1/16
印　　张／11　　　　　　　　　　　　　　责任编辑／徐艳君
字　　数／210 千字　　　　　　　　　　　 文案编辑／徐艳君
版　　次／2023年5月第1版　2023年5月第1次印刷　责任校对／周瑞红
定　　价／69.00元　　　　　　　　　　　　 责任印制／施胜娟

图书出现印装质量问题,请拨打售后服务热线,本社负责调换

编委会成员

孙红梅　菏泽家政职业学院
赵晨阳　菏泽家政职业学院
刘艳波　内蒙古工业大学、长春健康职业学院
穆崔君　河北工业职业技术大学
石　璇　菏泽家政职业学院
张会霞　河南牧业经济学院
王霜娅　菏泽家政职业学院
邢　娜　菏泽家政职业学院
林　棋　菏泽家政职业学院
赵　丹　菏泽家政职业学院
陈姣君　河南雪绒花母婴护理有限公司
孙　磊　单县盛彩华居设计装饰工程有限公司

前　　言

党的二十大报告指出，"教育、科技、人才是全面建设社会主义现代化国家的基础性、战略性支撑"，"健全终身职业技能培训制度，推动解决结构性就业矛盾"是就业优先战略的重要举措，"育人的根本在于立德"。本教材以二十大精神为指引，坚持立德树人、德技并修，面向家政服务行业企业，满足人民对美好生活的向往，培养具备较强就业能力和可持续发展能力，德智体美劳全面发展的复合型高素质技术技能人才。

《国务院办公厅关于促进家政服务业提质扩容的意见》《家政兴农行动计划（2021—2025年）》《关于教育支持社会服务产业发展　提高紧缺人才培养培训质量的意见》等文件中，提出生活服务业产业化、集群化、现代化、精细化、专业化、标准化发展；2023年政府工作报告强调把恢复和扩大消费摆在优先位置；2021年3月人力资源和社会保障部发布第四批新职业，在"家政服务员（4-10-01-06）"职业下增设"整理收纳师"工种，整理收纳师开始正式走上职业舞台。一个新职业潮涌的背后，必然反映市场强劲的要求。随着小康社会的实现，人民购买力增强，家中堆积的物品越来越多，整理收纳因迎合了人们对品质生活的追求而得到蓬勃发展。尽管该职业看似没有门槛，但并非人人可为。整理收纳服务是"技能+知识"型的，它涵盖了建筑学、家政学、人居环境学、住宅经济学、人体工学、社会学、心理学、美学、艺术设计等多门学科。整理收纳工作不仅要有较高的审美水平、较强的人际沟通能力，还要了解厨具、服装、化妆品、各种饰品等。

《职业教育提质培优行动计划（2020—2023）》提出在全面深化"三教"改革背景下，以教育部《职业院校教材管理办法》为规范，融知识素养与岗位技能为一体，强化校企合作双元开发。联合河南雪绒花母婴护理有限公司、单县盛彩华居设计装饰工程有限公司、山东途哈文化传播有限公司等企业力量，集聚菏泽家政职业学院、河北工业职业技术大学、河南牧业经济学院、长春健康职业学院等高校资源，集优汇智，根据岗位要求、学科特点和学生特点，以典型工作任务为导向，创新教材形态，开发

融媒体等资源，尝试编写一部满足现代中国家居生活的立体教材。

由于时间有限，可借鉴资源较少，不足之处敬请各位专家、同人和广大读者批评指正，以便修订完善！

孙红梅

目　　录

模块一　基础知识篇 (1)

项目一　家庭整理收纳知识与技能 (1)
　　任务一　整理收纳一般知识 (2)
　　任务二　整理收纳基本技能 (10)

项目二　整理收纳师职业规范 (27)
　　任务一　整理收纳师的职业素养 (28)
　　任务二　整理收纳师的从业准则 (36)

项目三　家庭整理收纳服务管理 (42)
　　任务一　项目管理 (43)
　　任务二　客户管理 (53)

模块二　实践技能篇 (62)

项目一　家庭空间规划及整理收纳 (62)
　　任务一　卧室与衣橱空间规划及整理收纳 (63)
　　任务二　儿童房空间规划与整理收纳 (74)
　　任务三　餐厨空间规划与整理收纳 (85)
　　任务四　客厅空间规划及整理收纳 (95)
　　任务五　书房空间规划及整理收纳 (102)
　　任务六　玄关与阳台空间规划及整理收纳 (110)
　　任务七　卫浴空间规划及整理收纳 (116)

项目二　家庭细分区域物品整理收纳 (121)
　　任务一　衣物整理收纳 (122)

任务二　家务区整理收纳 …………………………………………………（131）
　　任务三　化妆区整理收纳 …………………………………………………（136）
　　任务四　床上用品整理收纳 ………………………………………………（140）
　　任务五　行李箱整理收纳 …………………………………………………（146）
　　任务六　生活用品整理收纳 ………………………………………………（152）
　　任务七　饰品整理收纳 ……………………………………………………（159）

参考文献 …………………………………………………………………………（164）

模块一　基础知识篇

项目一　家庭整理收纳知识与技能

【项目介绍】

2021年3月人力资源和社会保障部发布第四批新职业，在"家政服务员（4-10-01-06）"职业下增设"整理收纳师"工种，整理收纳开始正式走上职业舞台。一个新职业潮涌的背后，必然反映市场强劲的要求。小康社会的全面建成，开创了中华民族有史以来未曾有过的经济社会全面进步、全体人民共同受惠的好时代，人民购买力增强，家中堆积的物品越来越多，整理收纳因迎合了人们对品质生活的追求而得到蓬勃发展。整理收纳作为一项综合性技能，不仅需要具备空间规划和审美能力，也需要运用系统的思维方式，在科学的理念和原则的指导下，选用恰当的收纳工具，按照规范的流程和方法来操作，才能达到预期的目标。

【知识目标】

1. 掌握整理收纳的一般原则，常用收纳工具的特点及用法。
2. 熟悉人体工学和色彩的一般知识。
3. 了解整理收纳的行业现状。

【技能目标】

1. 能够灵活运用收纳工具。

2. 能够运用空间审美及色彩知识分析家庭空间特征。

【素质目标】

1. 具有开阔的视野、良好的审美能力和严谨的工作作风。
2. 具有爱党报国、敬业奉献、服务人民，为提高人民生活品质而不懈奋斗的崇高理想。

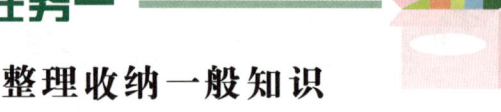

任务一　整理收纳一般知识

整理收纳一般知识

任务描述

小刘是个热爱生活、勤快利索的女生，平时喜欢做家务，每天把房间归置得干净整齐，做事思路清晰、细心体贴。上大学时，小刘主动报考了自己感兴趣的家政相关专业。当知道"整理收纳师"这个新职业工种后，小刘非常兴奋，想深入了解该职业在国内外发展的具体情况，毕业后打算做一名专业的整理收纳师。

工作任务：请帮助小刘梳理整理收纳的相关知识以及该职业在我国的发展现状与前景。

任务分析

整理收纳师职业是随着经济和社会需求的发展而出现的，也是市场选择的结果。一名优秀的整理收纳师需要懂美学、设计学、社会学、心理学等多方面的知识。整理收纳不仅仅是简单的家务，它体现的是生活思维方式，是品位，是一个自我启迪的过程。收纳其实自古就有，整理收纳成为职业也有四十多年了，一般认为，整理收纳作为一个行业，源于美国，兴盛于日本，目前正在我国蓬勃发展。

任务重点：整理收纳行业在我国的发展现状。

任务难点：整理收纳的理念原则。

相关知识

一、收纳

收纳自古以来就伴随着人类生活而存在,比如妆奁,西周时期就有盛放玉质首饰的方奁,宋元时期,随着梳妆用具的丰富出现了多层套盒的多妆奁等。随着社会文明程度的不断提高,人们需求层次也不断提高,收纳设计也在一步步发展,家具的变迁、房屋的设计无不体现出收纳空间的设计感。物质生活的丰富、家庭结构的核心化、精神生活的高要求,都促进了家庭空间收纳设计的发展。随着现代建筑技术的发展,住宅房间设计更为合理,家具容量更大,空间利用率更高。

收纳整理日常生活用品始终是家庭生活的一部分。物质生活水平的提高不仅使得各种物品日益丰富多彩,也促使人们追求更高的精神品质生活。收纳整理从家务中分离为职业成为必然。

二、整理收纳行业的起源

(一)美国职业整理收纳师起源

20世纪80年代,美国社会经济迅速发展,技术工艺的提高促使物品种类、数量高速增长,加上生活水平的提高和信用卡及邮购商品公司的普及,这些都带动了美国人的消费欲望。丰富的商品、便利的交通、亲民的价格,使很多美国家庭处于消费狂潮中,人们在享受丰富物质带来的消费快乐的同时,也被家里不断增加的各种物品所困扰,家庭生活空间被各种各样的物品填满,显得凌乱不堪,家居收纳服务也因此应运而生。

在加利福尼亚州的洛杉矶,一位名叫 Karen Shortridge 的妇女在当地的住宅区举办了一个生活沙龙,其中有两位女士玛克辛(Maxine Ordesky)和斯蒂芬妮(Stephanie Culp)独具慧眼,她们看到越来越多的人对整理收纳感兴趣,想要把整理收纳开发成一个可以收费的服务项目,专门帮助一些家庭解决因物品过剩而无处放置的难题。她们还给自己起了一个响亮的名字:职业整理师(Professional Organizers)。随着业务的发展壮大,她们在洛杉矶组建了职业整理师协会(Association of Professional Organizers,简称 APO),先后在圣地亚哥市、旧金山市以及纽约市等各个城市陆续成立了分会。

1985年,五位核心创始人(Beverly Clower, Stephanie Culp, Ann Gambrell, Maxine Ordesky 和 Jeanie Schorr)将各城市的协会联合起来,创立了美国职业整理师协会(National Association of Professional Organizers，简称 NAPO）。NAPO 直接推动了整理收纳专业技能的职业化发展，将整理收纳的定义从"家务"上升到了"职业"。

在此之前，一个很擅长管理家庭、擅长规划、擅长做整理收纳的女性，她的这些技能都仅仅局限在一个家务范围之内，就算她做得非常好，也只能被人们看作是一个优秀的家务管理者（Housekeeper）。

NAPO 创始人之一的斯蒂芬妮在当时的那个年代提出了一个引人注目的观点，那就是整理收纳是技能，不是家务。它是一个专业技能，把专业的理念、思维方式和操作方法应用在了家庭生活上。

职业整理收纳师的出现，把整理收纳从家务里剥离出来，形成了一个商业的单元、一个商业的服务，并且成功地在社会上立足，增加了社会价值，成了一个职业，也使所有女性的家务劳动有了进一步的价值评价和参考标准。

随着越来越多美国家庭对职业整理师服务的认可，职业整理师的服务范围不仅涵盖住宅、办公室空间的使用，还广泛涉及人生规划、人际关系、时间以及金融资产的管理等领域，专业分工非常细。作为职业整理师，她们的身份变得十分多样，如收纳技术顾问、空间设计师、时间管理顾问、心理咨询顾问、信息系统顾问、培训师等。

（二）日本整理收纳行业的兴起

整理收纳行业起源于美国，而真正带动整理收纳行业兴起的则是日本。日本地少人多，城市人口密集，人均居住面积有限，大都市东京的繁华区更是寸土寸金，如何规划和利用好空间就成为一门技术活。其实收纳最早体现在小家具设计上，在日本可以追溯到平安时期日本盛行的换季风俗，将过季的服饰收藏，同时取出应季的服饰穿上。江户时代，日本流行多抽屉柜，到 20 世纪六七十年代，随着经济腾飞，住宅收纳功能设计开始盛行。20 世纪 90 年代，受泡沫经济危机影响，日本消费文化发生了彻底而深远的转变，人们的消费欲望开始萎缩，由疯狂"买买买"到崇尚自然简约，再到实用至上，一步一步造就了各式各样的生活美学达人——整理收纳师。

在种种因素影响下，过去的三十多年中，整理收纳技术在日本得到了极大的发展，整理收纳文化在日本逐渐兴起，并成为日本的生活文化，出现了众多活跃在社交网络的收纳红人、出版畅销书的整理达人，以及多个以协会和公益组织形式运作的各种整理收纳专门团体，他们积极地将整理收纳的理念和技术推向全世界，使整理收纳行业被更多的人所了解、支持并尊重。

日本的整理收纳经历了从重视空间，到重视物品，再到重视生活，最后开始关注人的一个过程，他们把整理收纳做到了极致，使之成为一种生活美学和人生哲学。

> **学习拓展**
>
> 目前，欧美及亚洲发达国家均已建立起了各国的整理收纳协会。2007年，国际专业管理规划协会联盟（International Federation of ProfessionalOrganizingAssociations, IFPOA）创建之后，各国规划整理协会机构纷纷加入，包括 NAPO（美国），ICD（美国），POC（加拿大），NBPO（荷兰），JALO（日本），APDO（英国），ANPOP（巴西），KAPO（韩国）等。

三、整理收纳行业在我国的蓬勃发展

（一）国家高度重视现代服务业发展

党和国家高度重视现代服务业发展，党的十九大报告明确提出加快发展现代服务业，国家多次下发文件对抓好新时代服务业发展作出部署，这为现代服务业发展提供了良好的政策环境。二十大报告中又进一步提出了构建优质高效的服务业新体系。整理收纳是家庭服务业呼应现代服务业发展趋势而涌现出的新的拓宽家庭生活服务面、具有时代特征的时尚业态。近年来，在国家政策支持家政服务提质扩容的背景下，整理收纳业发展迅速并得到了社会越来越广泛的认可。

（二）经济社会发展催生了整理服务需求

近年来，随着经济的快速发展，人民生活水平不断提高，消费能力不断升级，消费习惯由必需性消费向美好生活追求转变，消费方式从有形产品向服务消费和个性化消费转变。消费提质升级推动了现代服务业快速发展，新的商业模式、服务方式和管理方式不断涌现，整理收纳服务正是顺应现代消费理念和生活方式，在满足人们追求优雅整洁的生活工作空间和环境需求中应运而生的。

由于消费水平的提高和网络购物的便利性，人们购买的商品越来越多，过量的物品导致原本有限的居住或者办公空间显得越发狭小。物品数量和房屋面积的不对等关系造成了物品堆积等问题，加剧了空间、物品和人之间的矛盾。这不仅深刻影响着人们的居住环境、身心健康，而且找寻物品所消耗的时间和精力更会影响人的情绪，长期的杂乱生活会导致抑郁和心绪不佳等诸多问题。虽然很多人也想过进行整理，但是由于缺乏科学的规划与设计，导致效果也是不尽如人意，而一个干净、整齐、有序、宽敞、明亮的环境是大多数人的追求。因此，寻找专业的整理收纳师帮忙成为不二选择，这也推动了我国整理收纳服务行业的发展。

(三) 整理收纳师职业受到广泛关注

2021年1月15日，人力资源和社会保障部公示了一批新增的职业工种，其中"整理收纳师"被正式列为"家政服务员（4-10-01-06）"职业下设的新工种。自此，整理收纳师作为正式职业，得到了国家相关机构的认可，这是中国整理收纳行业一次质的飞跃。2021年11月到12月，人力资源和社会保障部举办的全国新职业技术技能大赛，整理收纳师位列20个竞赛项目之中。整理收纳师这一新职业日益受到广泛关注。

> **学习拓展**
>
> 2021年3月6日，由央视新闻官方微博发起的"我向往的新职业"投票中，整理收纳师以1.4万得票率位居榜首。网友评论："这是一份既可以实现财富自由，又可以让人精神富足，治愈不开心的工作，尤其对于喜欢整理的人而言，再合适不过。"数据显示，整理收纳行业约四成从业者年收入超10万元，未来几年职业岗位需求增长势头强劲。

整理收纳师是通过帮助客户处理人与物品、空间的关系，对空间进行规划和合理利用，提供整理收纳方案和服务，从而让人们对当下的居住空间、工作空间感到方便、快捷、舒适的专业人士。整理收纳师要了解客户的房屋空间布局、家居动线、家庭成员、生活习惯、兴趣爱好等具体情况，然后有针对性地为客户规划设计出一套科学的整理收纳方案，可谓是私人定制。一个优秀的整理收纳师，可以解决居家收纳难题、空间布局不合理、柜体改造、房屋空间规划设计等难题，甚至在装修阶段就参与收纳设计和布局。一个资深整理收纳师可以把色彩、陈列、形象设计等生活美学融入业务，甚至通过应用心理学达到自我提升和业务拓展，改善家庭关系和人际关系，做到内外修通。

我国整理收纳行业的发展，起初是一批整理爱好者学习国外整理收纳知识，结合我国家庭的生活和消费习惯，对家庭储物空间物品进行分类、整理和归位收纳。随着近几年消费者对整理收纳的需求数量和服务质量要求不断提高，整理收纳的内涵和外延发生了显著变化。整理收纳的服务群体从高收入人群发展到普通百姓，服务对象从个人发展到公司、学校，服务领域从家庭衣橱、厨卫拓展到办公室、商场专柜等；整理收纳种类从衣物、书籍、厨卫用具发展到艺术品、奢侈品、收藏品等，整理收纳技术从简单分类、叠放、收纳技巧发展到收纳空间环境设计、色彩搭配等。

> **学习拓展**
>
> 2022年1月发布的《2021中国整理行业白皮书》指出，整理行业的发展新趋势呈现如下特点：全新消费观下，体验经济蓬勃发展；差异化需求明显，定制服

务需求大；整理教育市场更加细分；整理行业和大家居产业合作更加紧密。对整理收纳机构来说，目前我国的整理收纳业收入来源主要有四大板块：业务培训、出单服务、收纳用品销售和家居设计。

四、整理收纳的作用

整理收纳不仅仅是把物品放入橱柜，获得视觉的舒适，还要从整体上关注人与物的和谐、家居动线的简洁，不同家庭、不同个体的爱好和审美差别；除此之外，尽可能提高空间利用率，做到不浪费空间，将空间利用做到极致。

五、整理收纳的原则

原则是行事所依据的准则，如果希望整理收纳有条理、有章法，那么在开始就要遵循相应的原则和中心思想，这样可以使整理工作进展得更顺利。

（一）就近原则

房间里的每个空间区域都要有收纳储存的空间，把常用物品放在随手能拿到的地方，方便用完随手归位。如卫生间洗护用品放在浴室柜里，厨房调料放在灶台旁，洗衣用品放在洗衣机旁等。

（二）分级原则

将东西按照空间区域整理之后，往往不久就会复乱，因此，我们要把物品进行分级收纳。通常情况下，按照使用频率可以将物品排序为频繁用、经常用、偶尔用和完全不用四类。以衣服为例，也可以按照以下方法分为四个收纳等级：外出回来的衣服可以放置在衣物悬挂处，为一级收纳；第二天上班外出衣物放在衣帽架处，为二级收纳；洗好需要储存的衣物放在衣柜里，为三级收纳；换季衣物放在衣柜顶或床下，为四级收纳。

（三）分类原则

分类原则是指把同类物品放在同一处，分门别类地查找就会方便许多。如把药品放在一个药箱里，五谷杂粮、清洁用品、被子、衣物等分类别放置，然后贴上标签，既寻找方便，放回时又不必担心出错。

(四) 二八原则

如果物品都收纳在抽屉或者柜子中，看上去是整齐了，但是拿取时其实并不便利，而且外面看似整齐干净，但里面可能还是乱糟糟的，因此，收纳时要合理掌握物品藏露比例。收纳整理中一般遵循隐藏80%的乱，展现20%的美，即二八原则，也叫半隐藏原则。这个原则在工作生活中运用很广泛，比如80%的精力集中于20%的主要事情等。二八收纳原则能够舒缓眼前杂乱带来的疲惫，整洁清爽的环境能够带给人心灵上的慰藉。

二八原则的具体运用如下：

（1）隐藏的80%：形式、颜色杂乱的日用品，无美感的、不常用的、换季的、容易积灰的物品等最好用收纳工具藏起来放置。

（2）展现的20%：经常使用的，形式、颜色简洁干净的，清洁方便的摆件类、陈设类的物品等可以摆放整齐展示出来。

(五) 动线原则

空间规划和收纳整理的重要原则之一就是关注动线，即最短动线原则。何为"动线"呢？动线指的是人在家中活动的路线。物品的收纳要注意减少人的活动路线。如果收纳没有配合相应的动线，可能就只会成为"好看"的收纳，而不是"好用"的收纳。每个人都有自己的家居动线和生活方式，注重动线是收纳整理"以人为本"的重要体现。

(六) 纵向原则

从整体设计来说，纵向收纳是家庭收纳的主要方式，如橱柜、衣柜、书柜等。根据物品特性纵向放置也不易复乱，比如牛仔服，放入收纳盒时纵放，不仅拿取方便，而且整齐美观。

(七) 统一原则

想要收纳整齐且美观大方，外观的统一十分重要，要选择统一款式、统一规格的容器进行收纳。比如，同一种物品用同色系收纳，卧室收纳一般用白色简约收纳盒收纳，冰箱里的蔬菜、水果等用保鲜盒统一收纳等。

任务实施

小组活动：学生分组调研自己所在城市是否有整理收纳相关业务开展并分析市场需求，写出调查报告。

任务评价

学生自我评价见表 1-1-1，参考评价标准见表 1-1-2。

表 1-1-1　学生自我评价

任务项目	内容	分值	评分要求	评价结果
整理收纳的作用				
整理收纳的原则				
我国整理收纳行业的现状				

表 1-1-2　参考评价标准

项目	评价标准
知识掌握（50 分）	掌握整理收纳的原则（25 分） 熟悉整理收纳的作用（15 分） 了解我国整理收纳行业的现状（10 分）
操作能力（30 分）	能够透过表象看本质，客观分析我国整理收纳行业现状（30 分）
人文素养（20 分）	具有理性思维正确判断能力（10 分） 具有认真的态度、严谨的作风和精益求精的职业精神（10 分）
总分	

同步测试

一、单选题

1. 以下哪个不是整理收纳的作用。（　　）
   A. 把物品放入橱柜　　　　　　　　B. 使家务动线更简洁
   C. 提高空间利用率　　　　　　　　D. 与人和物的和谐无关

2. 在我国，整理收纳师被列为（　　）职业下设的新工种。
   A. 家务服务员　　　　　　　　　　B. 室内装饰设计员
   C. 家庭照护员　　　　　　　　　　D. 家政服务员

二、简答题

1. 整理收纳的原则是什么？
2. 整理收纳行业在我国的蓬勃发展主要体现在哪些方面？

家庭整理与收纳

任务二
整理收纳基本技能

整理收纳
基本技能

任务描述

小王和小李是一对新婚夫妇，在装修新房之初，两人选择了当下流行的工业风进行装修，效果简约而粗犷。但在入住后，两人发现装修时没有考虑到孩子出生后的儿童空间，也忽略了居家生活的实用性，因此打算从美观实用的角度，进行二次规划设计空间布局。

工作任务：作为整理收纳师，你打算如何帮助小王和小李打造一个既布局合理又实用美观的空间环境呢？

任务分析

在家庭空间的设计上，不仅要注重空间的舒适美观，也要充分考虑使用者的生活习惯、家居动线及个性化需求。要达到人与物既完美和谐又方便实用的目的，整理收纳师要深知整理收纳的基本原则及空间规划和色彩搭配的一般知识。

任务重点：整理收纳首先要对房屋空间进行合理的规划布局，根据居住者实际需求进行物品的陈列、摆放，还要按照空间对称与均衡、节奏与韵律、疏密对比、色彩搭配等美学规律进行空间审美处理。

任务难点：整理收纳空间布局与审美。

相关知识

一、空间规划布局与人体工学

（一）空间规划布局

在整理收纳前，我们首先要对房屋空间进行规划布局，以方便居住者后期居家生活的便捷、舒适。

房屋的空间布局可以按照静态空间功能状态划分为公共空间、私密空间及附属空间。公共空间是家庭成员共同活动及招待客人的区域，如客厅、餐厅；私密空间是个人专属空间，一般不经允许，外人不便进入，如卧室；附属空间是具备特定用途的空间，如厨房、卫生间。这是基于一般的空间功能进行的区域划分。除此之外，不同的空间使用者对空间的需求也会有所不同。如儿童房，基于儿童对空间的需求，除布置床、桌子、椅子外，还需给孩子增加一些娱乐的空间；老人房，基于多数老年人更喜欢安静、独处的特点，整个空间应当布置简单、素雅。

室内空间布局，以空间功能划分为基础，同时应以使用者的使用习惯为依据，因此，动态空间的应用状态要充分考虑空间动线。科学合理的动线是在满足家人的生活习惯下，高效到达各个功能区并完成目标活动的路线，直接影响到居住者居住的舒适度，同时对空间布局规划也有着一定影响。对于室内的居住者而言，常用的居住者动线有居住动线、家务动线。居住动线涉及的功能区有餐厅、客厅、卧室、书房、卫生间，在进行家具陈列和物品摆放前，要了解居住者的使用习惯，规划合理的居住动线。如有化妆习惯的女士，可以在卧室放置梳妆台，方便其长时间地坐着化妆使用；而没有化妆习惯的女士，则可以将化妆品放在卫生间的吊柜里，既节省空间，也缩短动线。家务动线包含厨房烹饪、洗衣间洗衣、各房间卫生打扫等，在家务劳动中，动线合理，会让家务的过程变得省心省力。例如，要完成一次晾衣服，将洗衣机放在阳台就会缩短晾衣的距离，不会过于劳累。

（二）人体工学应用

合理的空间功能布局，能提高人的生活便捷性、效率性、安全性、舒适性，而实用的居住环境还需要人体工学知识的运用。人体工学是以人为主导，包括人体的性别差异、尺寸、心理感受、生活形态等各项内容，研究人与环境、物品之间的相互影响、效能体现、舒适感受、安全防范等问题，最终实现舒适的体验、美的感受、高效率的使用三者之间的有机结合。整理收纳师将科学、严谨的人体工学人性化地运用于入户工作中，可以大大提升居住者的家居生活品质。根据人体动作行为可以将人体活动高度区分为三个层次，人体手臂向上伸直时指尖以上范围为1850 mm以上，以人肩为轴，上肢半径活动的范围为650～1850 mm，地面至人体手臂下垂指尖的垂直距离范围为650 mm以下。根据这三个层次的高度，及人体使用舒适性、方便性，可以把柜体高度划分为高柜区、中柜区、低柜区三个区域（见图1-1-1）。高柜区存取物品不便，使用频率不高，一般可存取较轻或者不常用的物品，如过季性衣物、棉被等；中柜区存取物品最方便，使用频率最高，人视线最容易看到，一般存取常用的物品，如当季衣物；低柜区存取比较不便，必须蹲下操作，使用频率较低，一般存取笨重或者较不常用的物品。

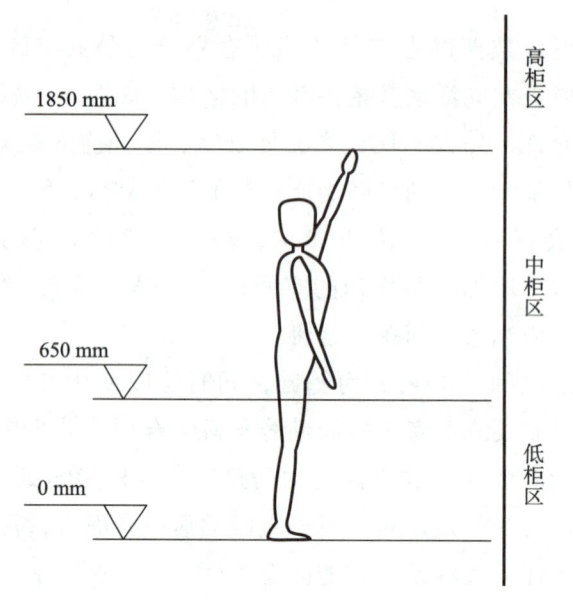

图 1-1-1　身高与橱柜分区

对于一般家庭来说，人体工学在整理收纳中的运用应考虑的因素为年龄与性别，不同的年龄、性别有着身高、体型、爱好等的差异。如卧室衣柜的整理收纳，年轻夫妇衣物更为多样化，在进行储衣分区时，可以设置成男女各自的储衣空间，正装为避免褶皱，可以采用悬挂的方式收纳，领带、袜子、内衣可用专用的小格子，既有利于取放，也有利于衣物保养。老年人衣物一般宽松舒适，不怕叠压，且老年人肢体功能有所下降，不易上举或下蹲，因此可将衣物叠放至衣柜中部层板。儿童的橱柜可以在底部留出空间，供儿童收纳自己的玩具。从性别来说，比如一般男性身高会高于女性，因此在进行叠放衣物的层板选择时，可以将男性的服装放在中部偏上的层板中，而女性的服装可以放在中部偏下的层板中。

人性化的收纳能让生活更加有条不紊，让居住者保持愉悦的心情，更为居住者创造出富有情趣的储物空间。

二、空间审美打造

使用便捷是整理收纳的前提，视觉舒适则更能提升居住者的幸福感。因此在对室内空间进行收纳整理时，也要用到相关美学知识。

（一）对称与均衡

对称是指假设一条中心线或中心点，在其左右、上下或周围配置同形、同量的物体，当这些物体形态沿中心线对折时，能够重叠在一起。均衡则是中轴线或中心点上下左右的物体等量不等形，即分量相同，但叠后不能重合。对称与均衡最能够满足人们心理和生理对于平衡的需求，在家居环境中对称与均衡也最为常用。比如在空间足够的情况下，床一般放置在空余空间的中间位置，而相同的床头柜分列两侧摆放。

（二）变化与统一

变化强调物体间的差异性，而统一则强调物体间的内在联系性。整理收纳中的变化是由家居物品的丰富性所决定的，而统一的运用，则使繁杂的物品展现出秩序性。在具体操作时，要先将物品按照种类、材质、色彩、长短等分类整理，再进行收纳。如衣橱空间陈列，在对衣服收纳时，要按照衣物的长短、类别、色彩归类，可分为上衣区、裤装区、长衣区、叠放区等，相同区域再按照相同类别、色彩放置，这样就保证了衣橱内层次分明，秩序整洁。再比如书柜整理，一般可以先将书籍分类后，再按照书籍从左到右、由小至大的顺序排列，相同类别和大小的书籍放置在一起。

（三）整体与局部

整体是一个有机统一体，局部是整体中的某个要素。整理收纳中的整体，可以是同一类别、同一大小的物品，也可以是整块区域，方便我们归类整理布置；局部则是各类物品的千差万别，整体归纳后的局部细分，能使居住者在取物时一目了然。比如抽屉里的物品收纳，抽屉里一般是经常使用到的工具，数量多而且大小不一，若将所有物品一起放入一整块空间，不仅不美观，物品取用也不方便。此时我们可以将空间分格处理，整个抽屉中是偏向同类用途的物品，而具体到各分块区域，又是同类同大小的物品。

（四）虚实对比

虚与实是整理收纳中的一种视觉效果，是视觉层次，是一部分物体的突出与一部分物体的弱化，可以通过疏密摆放、色彩对比、留白布置等达到这种效果。如书柜中，我们可以将不常看或者暂时不用的书籍隐藏到不透明的柜门里放置，常用书籍则放入没有柜门的柜格中。

（五）留白空间

留白空间是整理收纳的智慧所在。留白是中国古代绘画中最有意境的空间所在，"计白当黑""虚实相生"既是艺术领域的表现技法，也是中国古人的一种生活态度。整理收纳中的留白空间，是避免为物所累，留出一块暂留区，给未来物品留足放置的空间，也给物品一个间隔缓冲区，比如厨房台面的留白，中国人的烹饪习惯决定了大量瓶瓶罐罐、油盐酱醋的存在，很多人为了方便，将这些物品全部摆在台面上，便于随手可拿，但实际上这会造成台面混乱，物品一倒一片，若将台面上的物品借助收纳工具挂至墙上或放置收纳柜中，使台面留白，不仅拿取方便，更能为烹饪营造一个轻松的氛围。

（六）色彩在空间中的运用

色彩是人类对光的视觉效应。我们日常所说的不同颜色，如赤橙黄绿青蓝紫，是色彩的色相，即色彩相貌，是色彩三要素之一。色彩三要素还包括纯度及明度（见图1-1-2）。纯度，即饱和度，是色彩的鲜艳程度，纯度越高，颜色越鲜艳，纯度越低越接近于灰色。明度，即色彩的亮度，颜色越亮越接近于白色，越暗越接近于黑色。

色彩中既有有色彩系的赤橙黄绿青蓝紫，又有无色彩系的黑白灰。有色彩系中，红黄蓝是颜色的三原色，三原色之间调和出来的颜色我们称为间色，橙绿紫为三种间色。间色之间调和出来的颜色叫作复色（见图1-1-3）。

图1-1-2　色彩三要素

图1-1-3　原色间色复色

按照色彩在色相环上（见图1-1-4）的距离，有同类色、邻近色、类似色、对比色、互补色的色彩关系。同类色是色相环上15°夹角内的色彩，如红色类的朱红、大红、玫瑰红；邻近色是色相环上相距60°的两色，或者相隔三个位置以内的两色，色相彼此近似，冷暖性质一致，色调统一和谐，如红色与黄橙色、蓝色与黄绿色；类似色也就是相似色，是色相环上90°夹角内相邻的色彩，如红色、红橙色、橙色；对比色是色相环上相距120°~180°的两色，如红色与蓝色、黄绿与蓝紫色；互补色是色相环

图1-1-4　色相环

上相距180°的两色，如红色与绿色、橙色与蓝色、黄色与紫色。

色彩可以给人不同的心理感受，如色彩的冷暖与轻重。冷暖色指色彩心理上的冷热感觉。心理学上根据心理感觉，把色彩分为暖色调（红、橙、黄、棕）、冷色调（绿、蓝、紫）和中性色调（黑、灰、白）。在色彩的轻重感中，色彩轻会给人一种上升感、轻感，色彩重则给人一种下降感、重感。明度高的色彩给人感觉较轻，明度低的色彩给人感觉较重，如白与黑，白色给人的心理感受轻于黑色。色调给人的轻重感觉为：暖色调黄、橙、红给人的感觉轻，冷色调蓝、绿、紫给人的感觉重。

色彩运用于整理收纳中，即俗称的色彩收纳术，可以增加空间中视觉的丰富性与和谐性。我们可以按照不同色彩类型与感受去收纳，如按照色相规整，即将物品按照不同色相区分，再按照不同的色彩进行排列；色彩明暗对比收纳，即按照同一色相或色调的明度变化进行排列，这种色彩收纳术在对衣柜衣物整理中的运用就非常典型。

整理收纳中美学法则的运用，可以帮助我们打造美观而舒适的空间，将美贯穿于整理收纳的整个过程中，这也是整理收纳师的必备素养。

三、整理收纳物品

俗话说，工欲善其事，必先利其器。用来整理收纳的物品通常被称为收纳工具或收纳模具。一个好的整理收纳环境，不仅仅需要精湛的收纳技巧，也需要科学合理的收纳工具辅助。目前，市面上各式各样收纳工具种类繁多，选择专业且合适的收纳工具，可以帮助我们最大限度地利用空间。常用的收纳工具有收纳箱、收纳盒、收纳袋、密封袋、收纳筐、收纳架、衣服架、抽屉式分隔盒、挂钩、挂篮、收纳凳、收纳柜、伸缩杆、伸缩隔板等。

我们按照家居收纳工具使用场景的不同，大致分为柜格收纳工具、抽屉收纳工具、墙面收纳工具和其他等。下文将对每一类介绍几种常用的代表性收纳工具。

（一）柜格收纳工具

家庭中的各种柜子，是我们储物收纳的主要场所。家居生活中常用的代表性柜格收纳工具主要有植绒衣架、收纳箱、收纳盒、收纳袋等。

1. 植绒衣架

衣架是人们非常容易忽略的一种衣柜收纳工具。在日常生活中，一般家庭可能会有很多种类的衣架，颜色各异，款式多样，各种类型的衣架挂出来的衣服五颜六色、高低不平。衣架应用不合理，不仅影响视觉感官，也有可能使衣服变形。在专业的衣物整理

收纳中，整理收纳师一般会选用植绒衣架（见图1-1-5），这种衣架对于我们日常家庭衣物收纳也是非常实用的。植绒衣架是ABS塑胶加绒毛制作加工而成的衣架。

（1）植绒衣架的优点。植绒衣架与传统衣架相比具有很多优点：

一是美观大方。植绒衣架的设计大多美观大方，设计感十足，款式也十分新颖，有多种颜色可供选择。绒毛的外在高贵与颜色多姿，使植绒衣架显得时尚高档，富有美感。由于外观大方，不管是在家里使用，还是在商场使用，都很实用。

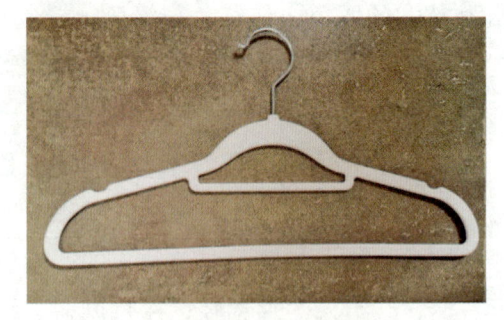

图1-1-5 植绒衣架

二是节省空间。由于植绒衣架比较轻薄，不占地方，可以帮助衣橱扩容20%～30%的空间，所以衣橱可以得到充分的利用。

三是超强防滑。植绒衣架的表面有一层细密的绒毛，这些绒毛是由特殊的真丝纤维制成的，它最大的优点就是挂衣服不用担心衣服滑落，对那些领口比较宽松的衣服，也有很好的防滑作用，丝质的衣服挂着也不会来回滑动。

四是防止衣服变形。植绒衣架的设计是非常科学的，符合人体流线。人性化的设计，能够很好地防止在使用过程中衣服变形产生褶皱痕迹，避免衣服肩部起包，也不用担心衣服的领口会越变越大。

五是结实耐用。植绒衣架采用的是ABS塑胶，韧性很好，不容易折断，有较长的使用寿命，并且植绒衣架的承重力强，能承受5 kg以上的物品。

六是使用方便。上衣、裤子均可以使用植绒衣架，衣钩可360°旋转，不用担心挂错方向；质量好的植绒衣架一般可以干湿两用，湿衣服晒干可直接挂回衣柜；植绒衣架材质轻便环保，使用安全放心，易于收纳携带。

植绒衣架的价格一般比较实惠，型号也有很多种，有男女、儿童之分，在挑选植绒衣架的时候，可以根据需要晾挂的衣服型号以及大小来选择适合的尺寸。

（2）选择植绒衣架的注意事项。植绒衣架可以保护衣服不被刮伤，手感也比较好。选择植绒衣架的时候，要注意以下几点：一要看，注意看表面的绒毛是否平整；二要摸，感受植绒衣架的手感，有没有刮手的感觉；三要闻，是否有很重的胶水味道；四要刮，用指甲适当地刮一下，检查有没有绒毛掉出来，如果有很多的绒毛掉出来说明质量不合格。还有就是注意掉色的问题，现在用来植绒的绒毛颜色一般都是染上去的，用的时间长了都会有正常的褪色，但不会一次就掉得很严重。

2. 收纳箱

收纳箱材质多样，用途十分广泛，各种收纳箱既可储存大件被褥或衣物，也可收纳小件物品。牛津布收纳箱俗称"百纳箱",可用来收纳过季衣物、被褥类、毛绒玩具等(见图1-1-6)。

百纳箱作为职业整理收纳师广泛使用的收纳工具,具有如下诸多优点:

(1)收纳力强。百纳箱几乎适合所有的衣柜,正放侧放都合适,收纳力极高。以最常用的66 L(50 cm×40 cm×33.5 cm)容量的百纳箱为例,可以收纳夏季衣物约70件左右,春秋衣物25件左右,冬季衣物8件左右,薄款被子5件左右,厚款被子1件。

图1-1-6 百纳箱

(2)牛津布材质更环保,防水、防潮、防霉、防虫蛀效果显著,经久耐用。

(3)三面可视,双面开门,取放物品方便。百纳箱正面和侧面都有加厚的透明可视窗口,可以很轻松地找到收纳进去的衣物,省时省力。上面和侧面有两个开口,拿取物品十分方便。上开部分与侧开部分采用双拉链设计,拉链顺畅,不伤手。一般在收纳时,将衣物从上方开口放入,如果要找的衣物在中层或者下层,那就可以打开前方拉链,将要找的衣物抽取出来,这样就不会因为要找一件衣物而翻箱倒柜了。

(4)提手设计方便搬运。一整箱衣物是比较重的,双提手会让我们在放置时更轻松,搬运无压力。

(5)内置金属支架,结构稳定,承重力强,结实耐用,可压缩收纳,增大收纳空间。

牛津布百纳箱质地轻盈,使用方便,能满足居家的基本需求。另外,牛津布百纳箱的色泽柔和,花色多样,可针对不同风格的居室进行搭配。它的容量也有多种规格,消费者可按照个人需求进行选择。在选用百纳箱时,要注意选用里面四边都有金属骨架支撑的百纳箱,这种更加坚固,即使把几个装满衣物的百纳箱摞起来,受力也没有问题。百纳箱不用的时候,可以折叠起来,以节省空间。

百纳箱收纳衣物时最重要的一个原则就是要将衣物平铺进去,让衣物填满百纳箱的角角落落,尽量减少折叠次数。同时要注意正面和侧面可视化窗口的陈列美观性,通常应按照颜色进行排列。

3. 收纳盒

收纳盒是家庭中最常用的收纳工具,它的用途非常广泛,既可以收纳内衣、袜子、皮带等小件衣物,又可以收纳一些生活中的杂物,可以说万物皆可收纳。收纳盒使用频率较高,在使用时需要预留一个空间来存放,如放在衣柜中的格子处、放在厨房的储物柜中或放在开放的置物架上,统一外观的收纳盒摆放在一起,会有不错的收纳效果。收

纳盒常用的材质有塑料、无纺布、木质等，其中以 PP 材质最佳。在家居收纳整理中，比较实用的收纳盒主要有以下两种：

（1）PP 简约收纳盒。所谓 PP 材质，也就是我们平时生活中所说的聚丙烯（Polypropylene），它是一种无毒、无臭、无味的聚合物。PP 材质轻、韧性好、耐化学性好，常被用于盆、桶、盒等家居用品的制作。

在整理收纳工作中，收纳师经常会用到的 PP 材质收纳盒，分为带盖（见图 1-1-7）和无盖（见图 1-1-8）两种款式，可以根据需要采用不同的型号和形状。

图 1-1-7　带盖款收纳盒　　　　　图 1-1-8　无盖款收纳盒

这种多功能收纳盒整体是大开口的设计，收纳空间容量大，拿取方便快捷，两侧提手镂空，方便移动和搬运。白色的设计能够轻松搭配各种家居风格，简约大方又清爽整洁。带盖款使用方便，摁压即盖，可以防尘防潮，干净卫生，还可以叠放起来，节省空间。PP 简约收纳盒可以有效地帮助我们化零为整，纳繁为简，放置于柜格中统一外观，看起来更加整齐美观。

（2）PP 透明抽屉盒。在柜体中原有抽屉设计不足的情况下，抽屉式收纳盒可以做很好的补充（见图 1-1-9），同时也更灵活。抽屉盒可以用来放小件物品，如内衣、围巾、毛巾、玩具等。PP 材质的优点前面已经讲过，建议在柜格中采用透明或半透明的抽屉式收纳盒，这样里面的东西可以一目了然，方便寻找。其实，抽屉盒本质上是对空间的再次分割利用。这种收纳盒的优点主要有：一是方便对物品进行分类整理，保持整

图 1-1-9　PP 透明抽屉盒

洁；二是带抽屉式把手，拿取非常方便；三是可灵活组合叠放，便于充分利用竖向空间，换季的时候，直接调整位置即可，非常方便；四是可以有效防尘防潮防蛀。

抽屉式收纳盒适用的空间和用途特别广，不仅可以放进衣柜里收纳衣物，充当床头

柜、矮柜来收纳杂物、玩具，还可以作为桌面收纳工具等。

这里介绍的 PP 材质的简约收纳盒和抽屉式收纳盒，是家居整理收纳中最常见和最实用的两种收纳盒。当然，我们也可以选用与家居风格相匹配的其他材质、颜色、款式的收纳盒，但是最好保证收纳盒风格统一，这样看起来更加协调，也会为我们的整理收纳效果加分。

4. 收纳袋

收纳袋按材质一般分为 PE 收纳袋、无纺布收纳袋和棉质收纳袋等。收纳袋的材质不同、大小不同，作用也不同。其用途比较广泛，有杂物袋、工具袋、棉被收纳袋、衣物收纳袋、零碎物品收纳袋、汽车用品收纳袋、各种首饰袋等。PE 收纳袋又分为普通收纳袋和真空压缩收纳袋。

（二）抽屉收纳工具

抽屉里的空间其实是比较大的，很多时候我们会在抽屉里面放置各种各样的小物件，因此，抽屉也是最容易乱的地方。抽屉收纳最好的方法是选择与抽屉本身配套的内分隔盒，因为可以根据抽屉尺寸来灵活地选择模块并进行组合。如果自购抽屉内分隔盒，就需要详细计算抽屉尺寸，根据需要收纳的物品种类，购买大小尽量匹配的分隔盒。细碎的物品可采用多个小分隔盒，稍大的物品采用大分隔盒（见图 1-1-10）。也可以采用自带内分隔的收纳盒（见图 1-1-11），例如内衣、内裤、袜子等可以直接选用自带内分隔的收纳盒，使用时无须折叠，一卷即可。

图 1-1-10　抽屉内分隔盒　　　　图 1-1-11　自带内分隔的收纳盒

如果抽屉内不自带分隔盒，或因为预算有限，或因为抽屉尺寸比较特殊等情况，那么抽屉分隔板也是个不错的选择。抽屉分隔板的大小、种类、材质各异，一般根据需要可以自由组合。例如简易塑料分隔板，价格便宜，使用灵活，可根据需要进行裁剪组

合，但质感略差（见图1-1-12）。

抽屉伸缩隔板也是一种比较好用的抽屉收纳工具，其材质一般是硬质塑料的，不易变形；隔板上的卡扣按钮是伸缩设计的，可自由调控，如果收纳的物品体积变了，可以调整隔板的位置，重新划分收纳区域；隔板两头贴了泡沫棉，各种抽屉都可适用（见图1-1-13）。

图1-1-12　抽屉分隔板　　　　　图1-1-13　抽屉伸缩隔板

另外，如果计算好尺寸也可以直接定制尺寸合适的木质分隔板，但相对来说价格略高，灵活度略低。抽屉中标准尺寸物品，如餐具，就可以直接采用专用抽屉收纳工具，比如碗碟收纳架。

（三）墙面收纳工具

1. 挂钩

挂钩是一种比较灵活的墙面收纳工具，比如在玄关、厨房、卫生间等空间的墙面上，只要墙面上有空位，就可以装上挂钩。

玄关的挂钩，主要悬挂回家后的外套、帽子、钥匙和包，出门前取用也顺手方便。

厨房的挂钩，用处就更大了。做饭经常用到的大小厨具，如果都放在台面上就会很乱，在操作台旁的墙面上装一排挂钩，厨具用品都可以挂上去，这样可以保持台面的简洁，实用美观又方便。

卫生间的挂钩，主要用于挂毛巾，尤其是家里人多的，卫生间里建议多装几个挂钩，这样挂毛巾的时候可以间隔开，不用紧挨着挂。还有一些比较实用的特殊挂钩，如拖把挂钩，可以布置在卫生间门后，用来收纳清洁工具，干净卫生，还可节省空间，开门便能将清洁工具隐藏在门后。相比普通挂钩，拖把挂钩用了一个内置的滚轮设计，可以让取放变得非常简单，还可单手操作。

2. 挂杆

挂杆适合比较宽裕的墙面安装，一般配合挂钩、收纳架或收纳盒使用，收纳能力更强也更灵活。挂杆上的挂钩一般可以来回移动，挂钩之间的间距可以任意调整，可根据物件大小，在挂杆上合理分配位置。一些特殊款式的挂杆，还带小收纳盒，这样一些不能挂起来的小物件，也能直接放到收纳盒里，更加方便。

同挂钩一样，挂杆（壁挂式收纳杆）主要适用于玄关、厨房和卫生间的墙面。在厨房操作台前面的墙上装一根挂杆，通过挂钩还有收纳架，就可以把台面腾空出来了，厨具、配料和杯子也可以挂上面。为了增加厨房的清新情趣，小绿植也可以挂上去。挂杆不仅可以使厨房变得干净整洁，而且使用方便。挂杆其实也是一种装饰，能够增加墙壁的美观度（见图1-1-14）。

图 1-1-14 厨房壁挂式收纳杆

3. 壁挂式置物架

除了挂钩、挂杆，壁挂式置物架也是我们日常生活中比较常见的收纳用品，是墙面收纳的重要工具。

（1）壁挂式置物架的种类。根据材质的不同，壁挂式置物架一般分为以下几类：

一是实木壁挂式置物架。由实木制成的壁挂式置物架安全环保，但由于是实木材料，容易受潮，被水弄湿后会大大减少置物架的使用年限，所以在选择时需要注意。

二是铁艺壁挂式置物架。铁艺的置物架一般很有格调，很受现代人喜欢。同时铁艺对人们健康没有危害，可以放心使用与购买。

三是不锈钢壁挂式置物架。不锈钢置物架，因为其独特的不锈钢特点，可以适用于潮湿的环境，一般用在卫生间与浴室的装修中，同时它的使用年限是很长久的。

四是塑料壁挂式置物架。塑料壁挂式置物架一般采用无钉粘贴式置物。塑料材质，一般不能接触高温，接触高温会产生一定的化学反应，生成有毒的物质，在使用时一定要慎重考虑使用地点。

（2）壁挂式置物架的选择。我们应结合实际情况和需要对壁挂式置物架进行选择。

首先，要明确使用壁挂式置物架的地点。在不同的地方使用，往往选择的置物架也不同。例如，用在厨房的壁挂式置物架，就需要考虑到厨房是一个油污大的地方，最好选择不锈钢壁挂式置物架。

其次，需要结合收纳的物品种类来考虑置物架的坚固性能。例如，用在厨房的置物架，就要选用比较坚固的材质和款式，也可以选择用钉固定的方式安装，以增加承重能力。用在卫生间的牙刷置物架、香皂置物架，一般选择塑料材质，质轻且防潮；而卫生间墙壁上或拐角处用来放洗化用品的置物架，就需要选用更加坚固的不锈钢材质。

再次，一般置物架是一个长期使用的物品，需要在使用时考虑它的使用年限，为了尽可能长期使用，最好选择防潮性能好的壁挂式置物架。

最后，需要结合室内整体的风格，选择适合自己家居风格的壁挂式置物架，风格统一才会让居室更加舒适美观。

4. 洞洞板

洞洞板属于挂钩的升级版，它可以让整面墙都拥有灵活的挂钩功能。比如玄关墙面装上洞洞板，就可以实现灵活的挂钩功能，大人的提包挂上层，小孩的书包挂下层，灵活又实用。洞洞板还可以悬挂常用的衣帽雨伞，展示家人合照，粘贴出门备忘信息，收纳零碎的钥匙和钱包卡片，这些功能，一面洞洞板就能全部满足。

书房的书桌上方，也可以装一个小洞洞板收纳架，用来挂放小物件，也可以加一块小板做成展示架，摆上精致的小饰品，让整个书房都显得更加实用美观和大气（见图1-1-15）。

厨房里面比较宽裕的墙面，也可以采用洞洞板收纳各种厨具、烘焙工具。所有的工具挂满一墙，可以快速方便找到。

洞洞板的安装比其他墙壁收纳工具稍微复杂一些，主要有两种方式：一种是在墙上打膨胀螺丝，把洞洞板像挂画一样，卡在螺丝上面，这种安装方式适用于有厚度的洞洞板；另一种是使用自攻螺丝，事前不需要在墙上钻洞，直接利用螺丝的纹路"钻"进要固定的表面，这种安装方式适用于固定在柜体木板上的情况。

图1-1-15 洞洞板

与洞洞板类似的还有铁丝网格,这也是常见的墙壁收纳工具。常见的颜色有黑色、白色,可深沉可清新,配几个小钩子、小夹子,挂照片、工具、小绿植等都很方便,而且铁丝网格自带文艺气息,有助于提升家居格调(见图1-1-16)。

图1-1-16 铁丝网格

5. 伸缩杆

伸缩杆是帮助提升空间利用率的免打孔工具。只要有两堵墙面,伸缩杆就可以稳稳地架起来,可以用来挂窗帘、挂衣服、做浴帘杆、毛巾杆等(见图1-1-17)。需要注意的是,用伸缩杆收纳一定要注意固定的两侧本身是否够牢固,有的人将伸缩杆卡在质量并不是很好的衣柜里,结果导致衣柜变形。

图1-1-17 伸缩杆

(四)其他

随着收纳越来越深入人心,人们对收纳工具的要求也越来越高,不仅要空间利用率

高，更要美观雅致。大中小型各类收纳工具不仅扩大了空间，而且给人们带来视觉盛宴。同样，各种小型收纳工具也蓬勃发展，如放置在水槽上面的水槽置物架，各类厨房收纳工具，浴室拖鞋架，用途广泛的各种收纳筐、收纳架等（见图 1-1-18）。

图 1-1-18　各类收纳筐和收纳架

将物品收纳整理好后，为了便于查找放在盒子、箱子或柜子里的物品，还需要做最后一步，就是贴标签。可以手写标签，也可以采用更便捷的标签机。标签机一般可以与手机连接，打字方便，可以自定义标签，贴在收纳盒上，或者贴在食品、药品、护肤品、文件等上面。打印出来的标签纸一般自带防水膜，比较耐用。

在整理收纳工作中，做完初步的分类和归置后，就需要购买一些收纳工具来协助收纳了。关于收纳工具的选择，需要注意：一是在购买收纳工具前，一定要先测量物体和空间的尺寸，如抽屉、柜子的深度、宽度和高度等，选择合适的样式和尺寸；二是根据收纳物品和环境的特点选择适合的材质，不锈钢、塑料、无纺布、藤制等，这些材质各有优缺点；三是要根据收纳的物品和使用者特征，来选择合适的收纳工具；四是收纳用品要与家居整体风格相搭配；五是要货比三家，可以实地采购，也可以上网购买，但要多查看买家秀和商家对商品的介绍，谨慎选择。

任务实施

请根据所学知识,为小王和小李的家居环境重新进行空间规划,并遵循美学原理整理收纳。

(提示:首先上门做空间诊断、测量,与客户沟通,然后整理方案或画出3D效果图,定制采购收纳工具,上门服务)

任务评价

学生自我评价见表1-1-3,参考评价标准见表1-1-4。

表1-1-3 学生自我评价

任务项目	内容	分值	评分要求	评价结果
对房屋空间按照功能进行区域划分				
根据居住者的使用习惯,规划出合理的空间动线				
物品的归纳放置符合人体工学和视觉审美				
合理使用收纳工具				

表1-1-4 参考评价标准

项目	评价标准
知识掌握(40分)	整理收纳中常用的美学常识(10分) 房屋的空间布局按照静态空间功能状态可以划分为哪三个部分(10分) 常用的家居动线(10分) 什么是人体工学(10分)
操作能力(40分)	能够对家居空间进行功能划分(10分) 能够按照居住者的生活习惯,规划合理的家居动线,并布置家居空间(10分) 能够合理运用各种收纳工具(10分) 能够在整理收纳中运用人体工学和美学常识(10分)
人文素养(20分)	具有开阔的视野、良好的审美能力和严谨的工作作风(10分) 具有实事求是、精益求精的职业精神(10分)
总分	

同步测试

一、单选题

1. 合理的家务动线可以（　　）。
   A. 减少劳动的乐趣　　　　　　　　B. 增加活动量
   C. 节省时间　　　　　　　　　　　D. 增加工作量
2. 根据人体工学在整理收纳中的运用，留给儿童的收纳空间应处于（　　）。
   A. 较高处　　　　　　　　　　　　B. 下部
   C. 2 m 的位置　　　　　　　　　　D. 中间偏上的位置
3. 空间中的留白是指（　　）。
   A. 留出一块暂留区　　　　　　　　B. 把空间涂成白色
   C. 把物品全部摆出来　　　　　　　D. 挂满物品
4. 洞洞板属于（　　）。
   A. 柜格收纳工具　　B. 抽屉收纳工具　　C. 墙面收纳工具　　D. 桌面收纳工具

二、多选题

1. 房屋的空间布局划分可以按照静态空间功能状态划分为（　　）。
   A. 公共空间　　　B. 私密空间　　　C. 附属空间　　　D. 单独空间
2. 色彩三要素包括（　　）。
   A. 色相　　　　　B. 纯度　　　　　C. 冷暖　　　　　D. 明度
3. 植绒衣架的优点有（　　）。
   A. 超强防滑　　　B. 防止衣服变形　C. 节省空间　　　D. 使用方便
4. 百纳箱的优点的有（　　）。
   A. 收纳力强　　　B. 防水防潮　　　C. 承重力强　　　D. 使用方便
5. 关于收纳工具的选购说法，正确的是（　　）。
   A. 收纳用品要与家居风格相搭配
   B. 网上评价好、性价比高的收纳工具都可随意购买
   C. 要根据收纳空间的尺寸来选择合适的工具
   D. 要根据收纳物品和环境的特点选择适合的材质

三、简答题

1. 选择植绒衣架时需要注意哪些问题？
2. 百纳箱收纳衣物有哪些优点？

答案

项目二 整理收纳师职业规范

【项目介绍】

整理收纳师的职业素养是职业要求、行为礼仪以及个人权益等多方面内容的综合体现，它关系到整理收纳师的个人职业成长、人才队伍培养，更关系到行业的发展和未来。从业准则是职业素养的细化形式，是个人的职业成长和行业文明发展的重要依据，每个人都必须遵守行业准则。对于整理收纳师来说，从业准则可以规范整理收纳师的言谈举止，是整理收纳师提供专业服务的根本依据和权威，也可以用来评判整理收纳服务实施的效果。

【知识目标】

1. 掌握整理收纳师应具备的职业素养和价值选择。
2. 熟悉整理收纳师从业准则的内涵、意义和内容。
3. 了解整理收纳师的相关权益，在职业活动中进行正确的自我防护。

【技能目标】

1. 能够运用正确的礼仪规范开展整理收纳服务，体现整理收纳师良好的个人素养。
2. 能够在实践中践行整理收纳师从业准则。
3. 能够运用整理收纳师从业准则中的伦理原则开展整理收纳服务。

【素质目标】

1. 具有质量意识、环保意识、安全意识以及为实现美好生活而不断探索的职业精神。
2. 具有精益求精的工匠精神和爱岗敬业的劳动态度。
3. 树立爱党报国、服务人民，为增进人民福祉、提高人民生活品质而不懈努力的崇高理想。

家庭整理与收纳

任务一　整理收纳师的职业素养

整理收纳师的
职业素养

任务描述

小张是家政专业的学生,她学习刻苦,课后还常在实训室里专心训练。转眼开始实习,她很快掌握了实习岗位的各项业务流程,凭借良好的表现,小张在实习结束后顺利转正。三年过去,小张从培训助理成长为一名培训老师,她所接到的第一项培训任务就是对几名新晋整理收纳师进行职业素养培训。要完成这项工作,小张需要充分了解整理收纳师岗位的职业素养要求。

工作任务:整理收纳师应具备的职业素养有哪些?

任务分析

职业素养不是个人选择,而是一种职业操守。很多职场新人会在纷繁复杂的职场环境中产生迷茫困惑之感,在抉择时纠结摇摆。但无论外界环境如何变化,职业素养都是职业发展的"定海神针",它既能规范从业者的职业行为,也是一种内在要求和进步的标准。对于职场人来说,诚信、专业、积极、谨慎是职场人重要的素养体现,代表着个人的综合品质,也是一种生存之道。

任务重点:整理收纳师职业素养及价值选择。

任务难点:整理收纳师的职业礼仪。

相关知识

一、职业素养

(一)职业素养的内涵

职业指个人所从事的服务于社会并作为主要生活来源的工作。素养,是人在特定情境中综合运用知识、技能和态度解决问题的高级能力与人性能力。在职业活动中体现出的个人涵养就是职业素养，其本质是价值。职业素养是职业内在的规范、要求以及提升，是在职业过程中表现出来的综合品质，包含思想导向、工作方法和品行范式三部分内容，可以通过"诚信、专业、积极、谨慎"来实现。

（二）整理收纳师的职业素养

1. 诚信

"诚"是一种内在的道德品质，指诚实诚恳；"信"是内在品德的外化，指信用信任；诚信是"内外兼备"的素养体现，泛指待人处事真诚、老实、讲信用、一诺千金。整理收纳师要立足于自己的岗位，对客户信守服务承诺、对岗位信守职业操守、对企业信守忠诚使命，在实践中踏实摸索。这是个人走向成功的"通行证"，是企业发展的立世之本。

2. 专业

学术领域对专业的解释有很多，这里我们所讲的"专业"是指对一种物质达到了解非常透彻的程度。《周礼·考工记》中记载"国有六职，百工与居一焉"，体现了专业工匠在当时社会中的重要地位。当今社会，在整理收纳行业中，什么才是整理收纳师的"专业"体现呢？我们可以通过"用心"和"职业悟性"来评价。专业的整理收纳师会在工作中不断领悟专业理念，反复磨炼实践技能，攻坚克难，始终以敬畏之心对待工作过程的始终，树立"改进""改善""逆向揣摩"的职业理想和信念，不断探索发展之道。

3. 积极

"积极"代表着进取、主动或热心。积极的心态可以为职业生涯注入新的希望，能够帮助人们克服困难把事情办好，在烦琐中整理思路、捋清头绪。

整理收纳师在工作岗位中要积极有效沟通、主动承担责任，树立远大的职业目标。衡量职场成功的标准有很多，通过努力工作赢得客户和社会认可是一定标准衡量下的成功标配。

4. 谨慎

"谨慎"代表着人们对外界事物或自己言行的密切注意，谨慎的意识是职业素养的重要组成部分。专业能力强的职场人大多具有做事严谨的态度，在职场中发展较快，备受领导关注的员工一般都具有"事先预案""事中检查确认调整""事后善后"的习惯。整理收纳主要是以家庭为场所开展的服务，家是人们的私密空间，整理收纳师在工作中一定要严格遵守服务规范，按照标准流程操作，谨慎对待工作中的每一个环节，维持良好的职业声誉。

（三）整理收纳师的价值选择

整理收纳师要树立正确的工作价值观和服务至上的精神；努力学习和钻研业务，不断提高服务水平和服务质量；自律严格，为行业专业化、标准化发展不断努力；从现实生活和工作中汲取营养，促进行业的发展和创新，促进优质高效的服务业新体系构建；树立为人们解决实际问题、建构良好家庭环境、促进社会和谐发展的远大目标，帮助人民群众实现对美好生活的向往。

二、整理收纳师的职业礼仪

"礼"指文明的语言、优雅的举止；"仪"指仪容、仪表、仪态；礼仪指礼节和仪式。自古以来，礼仪是一个国家、一个民族文明程度的重要标志，行业礼仪是衡量行业人员专业素养的重要尺度。整理收纳师在服务中要遵守尊重、自律、宽容、适度的礼仪原则。

（一）仪容礼仪

整理收纳师的面部要保持清洁，女士可化淡妆，体现自然、淡雅、大方的气质特点，但不宜浓妆艳抹，避免使用气味浓烈的化妆品；整理收纳师的指甲应长度适中，干净整洁，尽量不要涂抹颜色鲜艳的指甲油；头发整洁卫生，自然利落，蓬头垢面、另类怪异、光头或有头皮屑都是不合适的；女士的长发要束起，不可披散；注意个人口腔及身体卫生，勤刷牙洗澡，勤换洗衣物，在服务前避免吃有刺激性味道的食物。

（二）仪表礼仪

整理收纳师在服务时表情要谦恭、友好、真诚适度，不可傲慢冷漠，也无须过分谦卑。在与客户沟通时要有目光的交流，不能长时间注视对方或不断躲闪；对于比较熟悉的客户可注视其由眼睛、嘴巴构成的"小三角区"，而对于不太熟悉的客户可注视其由头和双肩构成的"大三角区"，目光平视且发自内心。整理收纳师在服务中还应面带微笑、亲切自然。

（三）仪态礼仪

1. 站姿基本要求——"站如松"

整理收纳师在站立时要稳重、端庄、自然、挺胸、抬头、收腹、平视、不斜肩，重心放在两只脚上。不可弯腰探脖、斜肩挺肚、双脚叉得太开或者叉腰抖腿。

2. 坐姿基本要求——"坐如钟"

整理收纳师在坐立时要腰背挺直，平视对方，手臂放松，双手自然放到腿上或扶手上，坐到椅面的三分之二处。在服务过程中会有坐下折叠衣物的动作，一定要注意不可瘫坐在椅子上，或者弯腰驼背、双腿叉得太开、伸得太长，否则会给人一种过度放松的感觉。

3. 走姿基本规范——"行如风"

挺胸、抬头、收腹，双肩平视、腰部用力，重心稍向前倾，双肩放松自然摆动。双目平视前方，面带微笑，表情自然。步履匀称，步幅适当，不可弯腰驼背摇头晃脑、叉开双腿扭腰摆臀、拖着脚走摩擦地面、脚步过重制造噪声。整理收纳师在服务过程中会有较多来回走路、搬送东西的动作，要注意避免慌乱急促与人相撞。

4. 蹲姿基本要求

采用高低式，即下蹲时单膝向下，另一只腿膝盖向上，大小腿垂直或角度略小于90°。整理收纳师在蹲下操作时，一定不能撅起屁股对着别人或叉开双腿下蹲。

（四）着装礼仪

整理收纳师的着装应注意整洁干净，经常换洗，避免衣服上出现污渍或较多褶皱；应以舒适得体，简洁素雅为主，不能穿着紧身、薄透、低领、鲜艳、暴露、奇特的衣服入户服务；在入户服务时不要穿裙装；整理收纳师要注意冬季不可穿着过于沉重，以免影响身体活动，而在夏季，若女士外衣颜色较浅，尽量选择肤色或白色内衣。

（五）服务礼仪

1. 出入户

整理收纳师要按约定时间准时到达客户家门口，到达后直接给客户打电话询问是否方便进入并请求开门。若电话没有接通可直接按门铃，如果客户没有听到要间隔几秒后再按，不能一直连续按门铃。敲门一般连敲三下后等待回应，不能一直连续敲门。进门后身体面向客户，顺手把门带上。离开客户家时要整理好个人物品，礼貌告辞，轻轻关门。

2. 服务过程中

整理收纳师在客户家服务时要充分尊重客户需求，不擅自接触约定范围外的物品，使用凳子等工具后及时归位；服务中可进行正常交流，但要避免不恰当的说笑或窃窃私语；操作要轻，不能扔甩物品；递送物品时目视对方，双手接送，递送尖锐物品时尖端朝向自己。

3. 礼貌用语

在服务过程中无论是与客户还是与团队其他成员交流，都应学会使用道谢、道歉、道别等不同类型的礼貌用语。在任何需要麻烦他人的时候，都可以将"请"挂在嘴边，如"请问""请原谅"等。

三、整理收纳师的权益

整理收纳师的权益一般是指在整理收纳过程中受法律保护的权力和必须保障的利益，在整理收纳实践中必须高度重视整理收纳师的权益。满足劳动者的基本需求是权益保障的前提，而通过权益的获得使劳动者更高层次的需求得以实现，对供需双方的平衡发展具有重要意义。下面结合马斯洛需求层次理论分析整理收纳师的权益内容（见图1－2－1）。

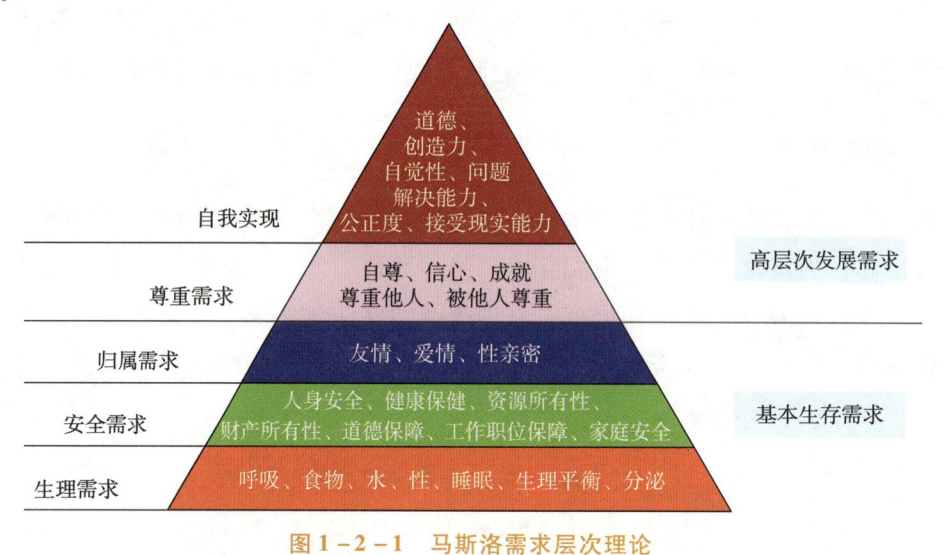

图1－2－1 马斯洛需求层次理论

（一）与基本生存需求相对应的作为劳动者的权益

整理收纳师最基本的权利包括获得劳动报酬的权利和休息休假的权利、获得劳动安全卫生的权利、享受社会保险的权利，这些最基本的权益得到满足，是整理收纳行业生存和发展的基本保障。

（二）与高层次发展需求相对应的作为整理收纳师的岗位权益

（1）享有职业技能培训的权益。整理收纳师属于从事技术工种的劳动者，上岗前需要接受专业技能和岗位职责等内容的培训，明确操作规范和职业要求。

（2）为客户提供整理收纳服务的权利。整理收纳师可以运用专业技能为客户提供整理收纳服务。

（3）参与团队活动的权益。整理收纳师有权在工作中参与团队互动，通过融入团体生活而获得归属感。

（4）知情建议权。即整理收纳师有权了解其工作场所和工作岗位存在的危险因素、防范措施及事故应急措施，有权对本单位的安全生产工作提出建议。

（5）拒绝权。整理收纳师在服务过程中有权拒绝违章作业指挥和强令冒险作业。

四、整理收纳师的自我保护

（一）人身安全

1. 服务中佩戴口罩

有效佩戴一次性口罩可以预防细菌、病毒传播，也能隔绝服务过程中产生的灰尘。选择口罩时要注意识别正规厂家生产的一次性医用口罩。服务完成后及时更换并在用后妥善处理。

2. 自备食物和水

不同于传统保洁或其他服务，整理收纳服务的时间相对较长，整理收纳师通常需要自备食物和水。很多客户会为整理收纳师准备饭菜或定外卖，整理收纳师要委婉拒绝客户的好意。尽快吃完自备餐食后快速投入工作之中。值得注意的是，气味较大的食物不适合带到客户家中。

3. 以团队形式入户

一般整理收纳服务团队都由两名以上的整理师组成，团队中最好有男性成员，他们一方面可以负担较高区或重物的收纳，另一方面男性具有一定的体力优势，在特殊时刻可以对女性起到保护作用。

4. 选择合适的入户时间

做好工作量预估，合理匹配团队人员，争取在白天完成全部工作，因为夜晚收工返程中安全隐患会相应增加，如当天实在不能完成全部工作可与客户协商次日或其他时间再次入户。

5. 服务中行为端正，能够运用法律武器维护个人正当利益

在开展整理收纳服务过程中要行为举止得当、有礼有节、不卑不亢，明确拒绝客户的不正当要求，必要时运用法律武器保护自己。如在服务中受到客户猥亵、威胁，要快速反应，尽快拨打110报警电话。

6. 快速应对意外事件

整理收纳师要学习一定的急救技术，服务中如遇自己或他人发生意外，若不能自行前往医院要尽快拨打120急救电话；如遇火灾，需要快速切断家中电源、气源，根据火源性质采取正确的灭火措施，火势较大时，要第一时间拨打119救援电话，并用湿毛巾捂住口鼻快速撤离现场；如遇燃气泄漏，则需要马上关闭气源，打开门窗，将人员转移到空气流通的区域，同时尽快拨打120急救电话。不管遇到哪种意外事件，打急救电话时都要保持思路清晰并讲明地址。

（二）物品安全

整理收纳服务开展前要与客户沟通是否可以对各工作区域进行拍照，记录空间及物品原始状态，同时提醒客户将贵重物品收好，避免后续工作中产生物品损害问题后难以明确责任归属。

工作前认真检查场所环境，及时发现尖锐物品或有毒有害物品，做好事先处理。服务中携带的工具和消毒物品用后恰当处理，放置在安全区域，尤其注意避免儿童接触。

工作中遵循"操作轻"的原则，谨慎对待每一个操作环节，确保物品安全，避免不必要的损害。

任务实施

小组活动：按照整理收纳师服务岗位要求，各小组分别扮演整理收纳师和客户，开展仪容礼仪、仪表礼仪、仪态礼仪、着装礼仪、服务礼仪训练，并评选优胜小组。

任务评价

学生自我评价见表1-2-1，参考评价标准见表1-2-2。

表1-2-1 学生自我评价

任务项目	内容	分值	评分要求	评价结果
仪容礼仪				
仪表礼仪				
仪态礼仪				
着装礼仪				
服务礼仪				

表 1-2-2　参考评价标准

项目	评价标准
知识掌握 （40 分）	整理收纳师仪容礼仪的相关知识（8分） 整理收纳师仪表礼仪的相关知识（8分） 整理收纳师仪态礼仪的相关知识（8分） 整理收纳师着装礼仪的相关知识（8分） 整理收纳师服务礼仪的相关知识（8分）
操作能力 （40 分）	能够在职业活动中运用规范化礼仪开展职业服务（20分） 能够结合相关知识开展整理收纳师职业礼仪培训（20分）
人文素养 （20 分）	能够通过优秀的行为举止表达良好的服务形象（10分） 能够以良好的礼仪风范彰显整理收纳师的专业素养（10分）
总分	

同步测试

一、单选题

1. 职业素养的本质是（　　）。
   A. 能力　　　　B. 价值　　　　C. 归属　　　　D. 诚信
2. 整理收纳师在工作中要遵守（　　）、自律、宽容、适度的礼仪原则。
   A. 尊重　　　　B. 友善　　　　C. 自信　　　　D. 谦卑
3. 整理收纳师的职业素养主要包括诚信、积极、专业、（　　）。
   A. 乐观　　　　B. 宽容　　　　C. 豁达　　　　D. 谨慎

二、简答题

1. 简要论述整理收纳师的价值选择包括哪些内容。
2. 整理收纳师在入户服务时应如何进行自我保护？

答案

家庭整理与收纳

任务二
整理收纳师的从业准则

整理收纳师的
从业准则

🟣 任务描述

孙莹是某家政公司的整理收纳师，在一次去往张女士家服务的路上遇到了一起交通事故，道路十分拥堵，当她到达张女士家时整整迟到了20分钟，张女士家对此略有不满，但听了她的解释后表示了理解。在服务中孙莹将张女士母亲积攒的垃圾袋当作废物进行了处理，这引起了张女士母亲的强烈反对，而孙莹仍坚持己见，并以厨房物品过多为由要求增加收费。最终双方未能达成共识，张女士向公司投诉孙莹。

工作任务：结合整理收纳师的从业准则分析孙莹的行为有哪些不妥之处。

任务分析

整理收纳师在面向客户服务时要遵守基本的从业准则，如遇特殊情况不能按照约定时间到达应提前电话联系，向客户讲明原因并表达歉意；按照标准服务流程开展整理收纳服务，如在前期预采环节了解客户家庭的具体情况，制作包含服务内容、价格等在内的详尽服务方案，与客户签订服务协议，约定双方的权利和义务；在服务过程中尊重客户的生活习惯，不将个人主观意愿强加于服务过程。

任务重点：整理收纳师从业准则的内容。

任务难点：整理收纳师从业准则的伦理原则。

相关知识

一、从业准则的内涵

整理收纳师从业准则是整理收纳价值体系中的一部分，它是指导整理收纳师从事专业活动的行为规范。与职业素养、职业道德相比，职业准则更加具体，它为整理收纳师的实践活动提供了明确要求和操作指引。

二、从业准则的意义

在专业的整理收纳服务中，从业准则可以规范整理收纳师的言谈举止，是一种内在的约束力量，是整理收纳师为客户提供专业服务的根本依据和权威，还可以作为整理收纳服务实施效果评判的一种参照和标准。总的来说，对于整理收纳行业和整理收纳师个人发展来说，从业准则意义重大。

三、从业准则的内容

（一）总则

古语有云"修身、齐家、治国、平天下"，整理收纳是帮助人们找到"修身""齐家"之道的重要方法，是继承中华民族悠久历史和传统文化，融合各国整理收纳思想发展而来的实践成果。党的二十大报告明确指出："我国社会主要矛盾是人民日益增长的美好生活需要和不平衡不充分的发展之间的矛盾，并紧紧围绕这个社会主要矛盾推进各项工作，不断丰富和发展人类文明新形态。"整理收纳是建构良好家庭秩序的有力手段，整理收纳师是人民实现美好生活的服务者。

（二）职业道德

《中华人民共和国公民道德建设实施纲要》中明确提出"职业道德是所有从业人员在活动中应该遵循的行为准则，是在日常的职业行为过程中逐渐养成的"。完善的职业道德不是人们在从事某职业的那一刻就能具备的，而是在工作实践中不断形成的。整理收纳是在社会分工发展和专业化程度增强的背景下发展而来的，整个社会对从业人员的职业观念、职业态度、职业技能、职业纪律和职业作风的要求很高。要大力倡导职业道德，鼓励人们在工作中做一个好的践行者。

1. 热爱整理收纳行业

在一天的 24 小时中，人们会有大部分时间用于工作，能够对工作持有一份热爱并愿意为之努力奋斗，是获得职业成功和人生幸福的不竭动力。在整理收纳行业，能够保持一份热爱之心，在工作中投入热情并付诸行动，是所有从业者职业发展的前提和基础。

2. 具有高度的社会责任感和敬业精神

责任感是一种崇高的精神状态，是一个人思想素质、精神境界和职业道德的综合反

映。在整理收纳行业，每一位从业者都是行业发展的建设者，都应树立为万千家庭美好生活而努力奋斗的责任意识，拥有爱岗敬业和乐于奉献的精神。

3. 全心全意的服务精神

整理收纳服务大多面向家庭，也有一部分服务是面向学校、机构或企事业单位。无论面对哪一类客户，都要把维护客户利益作为一切工作的出发点和落脚点，努力提高服务能力，切实解决客户的空间使用问题，为满足广大客户空间提质扩容需求与良好秩序建构而努力工作，使客户不断获得切实的利益，获得良好的服务体验。同时做到不因年龄、性别、社会地位等差别而区别对待客户，要为客户提供平等、高质的服务。

（三）伦理原则

1. 以人为本的原则

热爱整理收纳，尊重客户的生活习惯、家居动线及个性化需求；面向不同类型的客户提高服务质量；正确判断、正确处理各类客户所面临的家庭整理困境。

2. 公平合理的原则

客户应公平合理地享有整理收纳服务，整理收纳的最终目标是满足人民群众对美好生活的向往，整理收纳的对象不应该只是高端人群；整理收纳服务的提供者和服务对象应建立一种双向互动的关系；在整理收纳服务中应首先考虑客户的需求问题；公开服务标准，让客户心中有数，在知情、同意的基础上接受方便、经济、综合、有效的整理收纳服务。

3. 保守秘密的原则

保守秘密是服务人员对客户应尽的责任，整理收纳师也要坚守这一原则。建立并妥善保管客户档案；不泄露客户信息；正确对待客户的隐私；做好上门服务的保密工作。

4. 有利和主体原则

要激发客户对整理收纳的热情，增强其空间管理能力，培养良好整理收纳习惯。让整理收纳"花最少的力气，实现最好的整理效果"；鼓励客户参与并做好后期维护，发挥客户的主体作用。

5. 优质服务的原则

了解、发现客户需求；从家庭空间、物品与客户的矛盾入手，提升对客户整理收纳问题的解决能力，促进服务效果的可持续；加强整理收纳师的培训，提高整理收纳师的能力和水平；顺应社会需求，提高整理收纳行业服务质量。

（四）从业准则

1. 整理收纳师在服务过程中面向客户的从业准则

（1）接待客户时要平等、热情、有礼，不能过分放低自己也不傲慢偏见。

（2）与客户进行沟通时言语谦和、态度端正，不能夸大其词、过度承诺。

（3）在与客户建立服务关系时要彼此尊重，相互信赖，作为服务的提供方，要努力满足客户的正当要求。

（4）拥有明确的收费体系、服务标准和评价机制，在与客户达成共识后开展服务，不弄虚作假、变相加价。

（5）尊重隐私，保守秘密，绝不泄露与顾客个人及家庭相关的信息。

（6）不谈论与客户咨询内容无关的话题。

（7）尊重客户的生活习惯、家居动线及个性化需求，不将个人主观意愿强加于服务过程。

（8）服务过程中要注重细节，树立良好的职业形象。

在整理收纳服务的整个过程中注重仪容、仪表、仪态；如有特殊情况可能导致无法按时到达，应提前电话联系客户讲明原因并表达歉意；服务中坚持"说话轻、走路轻、操作轻"的原则，规范操作，不慌不躁；不小心打碎物品要第一时间道歉，并主动赔偿；委婉拒绝客户提供的餐食；与客户发生争议时不要强烈辩驳，要调节情绪合理沟通；服务中不聊与工作内容无关的事情，更不能与客户唠家常；组员之间注重沟通礼仪，不可大声喧哗或窃窃私语。

2. 整理收纳师在组织中的从业准则

（1）作为组织的一员，要遵守各项规章制度，服从组织决议，遵守组织纪律。

（2）要勇于承担集体责任，维护集体荣誉，为组织发展献计献策，提供咨询意见。

（3）具有团队意识，主动参与组织计划实施，努力获得最佳效果，实现各项任务的圆满完成。

3. 整理收纳师面向同行的从业准则

（1）对待同行应互相尊重、平等竞争、取长补短、共同提高，为推动行业专业化、标准化进程而不断努力，携手并肩致力于行业发展。

（2）在业务上诚意合作，遇到问题时相互探讨，坦率交换意见或善意地进行批评和自我批评，不断促进专业水平、工作效率和服务效能的提高。

4. 整理收纳师面向社会的从业准则

（1）不断宣传推广，引导社会共同参与到整理收纳的理论学习、实践应用之中，帮助人们提高家庭空间治理能力。

（2）倡导积极正向的生活理念和勤于劳动的优良品质，建构良好家庭空间秩序，促进家庭和谐发展和社会不断进步。

（3）激发社会创新活力，传递工匠精神和工匠文化。

任务实施

小组活动：围绕整理收纳师从业准则或你喜欢的关于良好职业品德的故事排演一场话剧，讲述职业准则的意义和具体内容。

任务评价

学生自我评价见表1-2-3，参考评价标准见表1-2-4。

表1-2-3　学生自我评价

任务项目	内容	分值	评分要求	评价结果
整理收纳师从业准则的内涵和意义				
整理收纳师的职业道德				
整理收纳师的伦理原则				
整理收纳师在服务过程中面向客户的从业准则				
整理收纳师在组织中的从业准则				
整理收纳师面向同行的从业准则				
整理收纳师面向社会的从业准则				

表1-2-4　参考评价标准

项目	评价标准
知识掌握（40分）	掌握从业准则的内涵（10分） 熟悉从业准则的意义（10分） 掌握整理收纳师的职业道德（10分） 熟悉整理收纳师的伦理原则（10分）
操作能力（40分）	整理收纳师在服务过程中能够遵守面向客户的从业准则（10分） 整理收纳师能够遵守在组织中的从业准则（10分） 整理收纳师能够遵守面向同行的从业准则（10分） 整理收纳师能够遵守面向社会的从业准则（10分）
人文素养（20分）	能够自觉遵守整理收纳师的从业准则（10分） 能够把整理收纳师的从业准则变成自己的行为规范（10分）
总分	

同步测试

一、单选题

1. 从业准则的意义不包括（　　）。

   A. 从业准则可以规范整理收纳师的言谈举止

   B. 从业准则可以为整理收纳师提供专业服务的根本依据和权威

   C. 从业准则可以用来评判整理收纳服务实施的效果

   D. 从业准则可以帮助整理收纳师摆脱职业倦怠

2. "了解热爱整理收纳，尊重客户的生活习惯、家居动线及个性化需求"体现的是哪方面的伦理原则？（　　）

   A. 以人为本的原则　　　　　　　　B. 公平合理的原则

   C. 保守秘密的原则　　　　　　　　D. 有利和主体原则

3. "不谈论与客户咨询内容无关的问题"体现的是哪一类从业准则？（　　）

   A. 整理收纳师在服务过程中面向客户的从业准则

   B. 整理收纳师在组织中的从业准则

   C. 整理收纳师面向同行的从业准则

   D. 整理收纳师面向社会的从业准则

二、简答题

1. 整理收纳师在服务过程中面向客户应遵循的从业准则有哪些？
2. 整理收纳师面向社会的从业准则有哪些？

项目三　家庭整理收纳服务管理

【项目介绍】

　　科学的管理制度是企业发展的重要支撑。作为一个新兴行业，整理收纳在家庭服务市场还未大面积推广。国家尚未出台整理收纳行业标准，相关职业技能竞赛是以《家政服务员国家职业技能标准》为参照。以项目管理的形式开展整理收纳服务，将系统的管理方法运用到整理收纳服务之中，建立符合行业特点的客户管理制度，培养具有一定忠诚度和信任感的客户群体，对企业的发展和行业标准化建立均具有重要意义。运用专业的客户管理方法和技巧，不断推进企业与客户之间关系的发展可以促进这一新型业务的推广。

【知识目标】

　　1. 掌握客户管理的内涵及客户管理的原则，掌握客户服务过程管理的具体方法，掌握客户回访的相关内容。

　　2. 熟悉家庭整理收纳项目的内涵和意义。

　　3. 了解整理收纳服务过程中的具体要求。

【技能目标】

　　1. 能够规范化地整理收纳服务流程。

　　2. 能够运用专业化方法开展整理收纳服务。

　　3. 能够很好地与客户沟通，了解客户咨询的类型和内容。

　　4. 行为规范能够符合接待客户的礼仪和要求。

【素质目标】

　　1. 具有质量意识、环保意识、安全意识和为美好生活实现而不断探索的职业精神。

　　2. 具有精益求精的工匠精神和爱岗敬业的劳动态度。

　　3. 树立爱党报国、服务人民，为增进人民福祉、提高人民生活品质而不懈努力的崇高理想。

任务一 项目管理

任务描述

小张是一名追求时尚的"90后"女孩,虽然结婚才一年,三室两厅的新房却早已堆满了各类物品。小夫妻二人不擅家务,每周都会请保洁员入户打扫一次全屋卫生,但仍没有改善家中物品凌乱的现状。小张上网购买了各类收纳用品,结果不仅未能解决实质问题,反而使空间变得更加拥挤。在一次与保洁员的闲聊中小张了解到了整理收纳服务,于是她联系了专业的整理收纳师进行咨询。

工作任务:帮助小张解决家中物品杂乱、空间拥挤的问题。

任务分析

整理收纳师的首要工作就是为客户找到空间、物品以及使用者三者之间矛盾的原因,快速诊断并找到解决方法,运用科学的、符合人本思想的理念和专业的技巧、方法帮助客户建立三者间的动态平衡。

任务重点:项目管理在家庭整理收纳服务中的运用,包括项目前期准备、项目开展过程和结束后的具体要求。

任务难点:家政整理收纳方案设计。

相关知识

一、家庭整理收纳项目的内涵

项目是人们通过努力,运用各种方法,将人力、材料和财物等资源组织起来,根据商业模式的相关策划安排,进行一项独立的、一次性的或长期的工作任务,以期达到由数量和质量指标所限定的目标。只要具备品质、成本、期限三要素的工作都可以称为项

目。家庭整理收纳项目主要指以专业团队、机构或公司为主体，运用专业的理念和方法开展入户整理收纳服务，帮助客户解决家庭中空间、物品以及使用者三者之间的矛盾，建构可持续运用的整理收纳范式的一种项目形式。

二、项目管理对开展家庭整理收纳服务的意义

（一）对行业来说

项目管理有利于标准化服务流程的建构和业务的开展，促进家庭整理收纳服务市场的规范性，推动行业标准化和专业化发展。整理收纳是定制化服务，在个性化特征中建构系统的项目管理框架可以使业务发展有章可循，同时留有个性化发展的空间。

（二）对团队来说

项目管理是通过"横向交流"的方式促进服务任务的开展和团队成员之间的协调合作。传统的纵向管理是由单一部门组织开展工作，在金字塔型的组织中，几乎所有的决策都是通过上传下达的方式来完成。家庭整理收纳服务的开展需要团队内部和外部共同合作，项目成员群策群力，完成各岗位的职责任务。

（三）对客户来说

以项目管理的方式开展整理收纳服务更加具有规范性和发展性，服务质量可控、服务效果可追踪，规范化的团队、专业化的服务是家庭整理收纳行业发展的重要标志。当今社会，人们追求高效率、便捷性的消费体验，传统家政的中介制模式正逐渐被市场淘汰，客户更愿意从具有一定品牌、口碑好的家政公司购买专业化服务。项目管理制方式的整理收纳服务可以满足客户的这一消费需求。

三、项目管理在家庭整理收纳服务中的运用

项目管理是在项目活动中运用专门的知识、技能、工具和方法，使项目能够在有限资源限定的条件下，实现或超过设定的需求和期望的过程。

整理收纳项目管理是指整理收纳服务开始至服务结束，通过系统策划、科学控制，使整理收纳服务标准化，符合专业理念和客户的实际预期，促进进度目标和质量目标实现的过程。

（一）项目运营的前期准备

项目开展前期要以计划的形式进行筹备，通过合理计划可以为整理收纳服务项目的

开展提供通往未来目标的明确道路，给组织、领导和控制等一系列管理工作提供基础。计划的内容包括"5W1H"，在项目开展中要清楚地确定和描述这些内容。

What——做什么？目标与内容。

整理收纳服务的内容有两个不同的划分方法：一种是按空间划分，如全屋收纳、衣橱、衣帽间收纳等；另外一种是按人群特点划分，如儿童、老人的空间及物品收纳。

Why——为什么做？原因。

整理收纳服务是针对客户家庭空间、物品以及人之间的矛盾，为其提供空间规划、物品管理服务，从而实现空间、物品和人三者之间的动态平衡，解决整理之后仍会复乱的问题，建立良好的家庭环境。

Who——谁去做？人员。

整理收纳服务通常由专业的团队、机构或公司组织开展，一般以独立组织形式存在，也可作为家政公司的一项特色服务，由家政公司专业人员提供。

Where——何地做？地点。

整理收纳项目一般为以家庭为地点的家庭日常整理、搬家整理和以公司等公共区域为地点的公司整理。

When——何时做？时间。

整理收纳项目的开展时间由双方共同约定。一般由团队负责人与客户协商，并合理预估工作时长。

How——怎么样？方式、手段。

整理收纳项目开展除了完成市场需求调研、服务内容拟定，还应同时具备多个要素才能顺利开展，如最基础的服务章程、专业人员、标准化服务流程、系统培训课程、宣传推广方案等。

（二）项目实施过程

1. 项目步骤设计

家庭整理收纳服务的开展一般通过前期咨询、上门空间诊断、设计服务方案、签订服务合同、入户服务开展、回访和客户维护等多个步骤共同实现（见表1-3-1）。

表1-3-1 项目步骤设计

步骤	内容
第一步：前期咨询	一般为免费线上咨询。在咨询中可了解客户需求；沟通原因，针对痛点对症施方；双方约定上门诊断时间，预付定金
第二步：上门空间诊断（也叫预采）	了解客户家庭空间结构、生活习惯和生活环境，对家庭储物空间存在的问题进行剖析和诊断；通过实地测量预估服务时长、工作量、费用等内容；针对问题提出相应建议

续表

步骤	内容
第三步:设计服务方案	结合空间诊断结果制定个性化服务方案或3D效果图
第四步:签订服务合同	签订具体的服务合同,包含服务的时间、内容、人员、工具、规划图纸等,约定双方的权利和义务;客户支付尾款
第五步:入户服务开展	做好入户前期的准备工作,按照流程要求完成标准化入户服务
第六步:回访和客户维护	服务结束后3日内交付最终整理收纳服务报告;服务结束后1~2周进行客户回访,跟踪客户对整理区域的使用和维护情况;不定期地进行线上沟通,知识分享,随时解答疑问和困惑

2. 服务过程

(1) 预采要求。针对客户购买的服务内容开展信息采集(见表1-3-2),了解空间结构特点、使用情况和客户预期,一般在预采结束2天内提供整理收纳方案。

表1-3-2 全屋收纳服务预采记录单

家庭成员信息				
家庭角色	年龄	个人空间	急需整理收纳区域	要求
家庭整理收纳空间信息				
家庭功能区	数量		要求	
卧室1	衣柜			
	化妆台			
	床头			
卧室2	衣柜			
	化妆台			
	床头			
儿童房	学习区	学习桌		
		书架		
	玩具			
	衣柜			
	展示物			

续表

家庭整理收纳空间信息		
家庭功能区	数量	要求
书房	书架	
	书桌	
	陈列物	
厨房	整体	
客厅	整体	
卫生间	整体	
衣帽间	整体	
玄关	整体	
阳台	整体	
储藏室	整体	
家庭物品信息		
分类方式	细分内容	要求
按人分类	爸爸用品	
	妈妈用品	
	儿童用品	
	老人用品	
按物品用途分类	床上用品	被褥枕头
		床单被罩
	衣物	
	厨房用具	锅
		餐具
		工具
	化妆洗漱用品	化妆品
		洗漱用品
	休闲用品	儿童玩具
		手办收藏品
	学习用品	书籍
	电子产品	
	其他用品	
其他情况说明		

（2）整理收纳方案设计。整理收纳师通过预采对客户家庭空间、物品和需求情况有了一定了解，接下来需要结合预采内容进行信息分析，制定具体的整理收纳方案（见表1-3-3）。

表1-3-3 家庭整理收纳方案

家庭环境问题诊断		
1	分类不明确	将各类物品混放在一起，不方便寻找和拿取
2	物品位置不固定	使用后随处乱放，再次使用时需要花费很多时间和精力寻找
3	藏露不合理	未按类别和使用频率进行藏露设计，视觉上产生凌乱感
4	空间规划不合理	未按动线和需求进行收纳空间设计
5	工具不当	未选择合适的收纳工具或工具使用不合理，造成空间浪费
整理收纳师工作范围		
1	定位	解决物品居无定所的问题，给每一件物品一个"家"，方便拿取使用
2	扩容	合理规划空间，提高使用效率，为空间扩容
3	答疑	为客户提供家庭整理收纳专业咨询，解决家庭收纳难题
4	服务	为客户提供专业、系统的家庭整理收纳服务
服务效果		
1	有序	清楚掌握物品摆放位置、种类和数量
2	便捷	实现拿取方便、节省使用空间的效果
3	可持续	采用竖立式收纳，避免取用过程中的相互影响，使用合适的收纳用品，粘贴标签
整理收纳规划图		
1	手绘图	专业的整理收纳师要具有一定的手绘能力，一般手绘图纸在预采环节与客户沟通过程中完成
2	软件绘图	可采用专业的绘图软件进行设计，如CAD等
服务时间、费用及人员		
1	时间	预估完成服务内容所需的时间
2	费用	按照约定内容计算本次服务的花费，不可存在隐形收费内容
3	人员	按约定服务内容匹配合适的整理收纳师人数
收纳工具推荐		
1	植绒衣架	防滑、定型、挂钩可旋转
2	衣物收纳抽屉	用于收纳竖立式折叠的衣物，为衣柜扩容
3	百纳箱	用于收纳换季衣物，一般置于衣柜上方
4	抽屉分隔盒	用于收纳小件内衣、袜子、成品或手工制作等
5	文件盒	用于收纳各类文件

(3) 入户物品准备：

①个人物品。整理收纳师服务过程中应戴口罩、戴手套、穿鞋套等物品。整理收纳师在完成物品清空后要对空间进行简单的清理消毒，所以消毒湿巾也是必备物品。

②围裙。整理收纳服务虽不同于保洁服务，但在服务过程中也会接触客户家庭中的各类物品，围裙一方面具有很好的防护作用，另一方面带有品牌标识的围裙也是企业文化的细节体现。

③工具包。一般整理收纳师在服务中会用到卷尺、消毒湿巾、垃圾袋、纸、笔等各类物品，若工具放置于工作区以外的位置会无形中增加生活动线，从而影响工作效率。整理收纳师在工作中佩带可随身携带的腰包能够将所需物品便捷收纳，符合整理收纳中的"就需就近"原则。

④地垫。清空和分类是整理收纳过程中非常重要的两个环节，将清空物品置于地垫之上，完成分类后进行系统的整理和收纳，可见一次性地垫是整理师入户时必带的重要物品。为更好地提高收纳效率并快速区分不同种类的物品，可通过不同颜色的地垫来进行物品种类的区分，在整理收纳行业中这些不同颜色的地垫通常称为"四色地垫"。

⑤收纳工具。可按合同约定中的种类和数量携带，另外整理收纳师可在车中常备补充工具，以防客户临时增加而工具不足。

(4) 入户服务流程要求：

①入户要求：

a. 着装：统一着装，简洁得体，避免紧身，以便于活动的款式为宜。

b. 入户：入户后洗手消毒、佩戴口罩；向客户礼貌问好；戴上手套，穿上鞋套。

c. 物品：选择室内合适位置展开工作地垫，用于摆放入户携带的物品，如个人衣物、收纳工具等。

②服务流程：

a. 清空：事先与客户沟通，留存原始状态图片后，将物品清空并放置于一次性使用的四色地垫上。

b. 分类：按物品的属性和功能进行分类。此环节可以在整理前进行规划设计，清空过程中直接操作，节省更多时间。

c. 筛选：整理过程中挑出过期和临期的化妆品、食品、药品，挑出破损、发黄等不能再次穿的衣物。

d. 收纳：按照前期规划方案进行物品收纳，遵照易看易拿、就需就近、总量限定三个原则将整理好的物品归位，选择合适的工具，可以鼓励客户将生活中的各类用品改造成收纳工具，传播绿色消费、低碳生活的理念。

e. 交付：贴标签是交付环节中非常重要的内容，在整理好的收纳箱或分装瓶上粘贴标签写明物品种类，在有效期缺失的化妆品或食品上粘贴标签写明收纳日期，可以为客户起到提醒作用，更加便于使用和保管。交付中要向客户讲解收纳原理、后续使用方法等，并于服务结束3日内完成物品清单交于客户。

（三）服务结束后要求

1. 对服务进行评估和总结

专业的整理收纳师要对客户和服务结果负责，需要知道通过本次整理收纳服务，是否达到了客户的预期目标，服务过程是否符合服务专业化操作标准，服务是否能够把握整理收纳的关键原则、充分尊重客户需求。由此可见，对整理收纳服务来说，评估是服务活动中的一个重要阶段，是确定服务目标是否实现的手段，是对服务程序的考量。通过评估能够考察服务结果与理想之间的关系，能够衡量程序的成效，所以评估是一种认知过程，也是一种逻辑判断。整理收纳服务结束后的具体评估内容见表1-3-4。

表1-3-4 整理收纳服务评估

评估类别	基本知识	工作能力
综合评估	1. 整理收纳基本素养知识； 2. 礼节礼貌和仪容仪表知识； 3. 整理收纳师沟通技巧； 4. 安全操作意识	1. 能制定并遵守整理收纳服务规范； 2. 项目负责人能够独立开展培训工作； 3. 讲究服务质量，不断开拓创新； 4. 整理收纳服务理念清晰； 5. 团队合作的能力
空间画图设计与规划	1. 人体工程学基础知识； 2. 平面图绘制基础知识； 3. 功能区划分基础知识； 4. 尺寸计算基础知识	1. 能使用人体工程学测量空间； 2. 能制作平面图； 3. 能对空间区域进行功能分区； 4. 能根据尺寸进行计算匹配
整理收纳技能	1. 整理收纳技能知识； 2. 整理收纳操作流程知识； 3. 收纳工具使用知识； 4. 物品计算匹配方法	1. 能分步骤进行整理收纳工作； 2. 能根据收纳工具特点合理匹配使用； 3. 能根据物品数量进行计算，合理收纳； 4. 团队合作能力
陈列美学与色彩搭配	1. 物品陈列基础知识； 2. 色彩搭配基础知识	1. 能根据空间特点对物品进行陈列； 2. 能独立完成不同空间物品色彩搭配
复盘与问答	1. 整理收纳师沟通技巧； 2. 整理收纳师复盘规范； 3. 整理收纳师应变能力	1. 能根据客户性格特点进行沟通； 2. 能使用专业术语和专业手势进行复盘； 3. 专业知识丰富，从容应对、思维敏捷

要做好评估工作，还要注重在评估中整理收纳师的自我反思，以及是否充分运用了专业知识，给予客户后续使用和维护的引导和启发。

2. 加强员工培训，完善服务流程

建立系统的人才培养流程，定期开展内部培训，不断提高团队成员的专业素养和分类收纳、有效沟通、空间规划、陈列设计、人员组织协调、团队合作、实际操作等各方面的专业技能。

3. 不断提高行业自律、树立行业公约

合法经营、合理宣传，遵守行业准则，明确告知客户服务价格、服务内容、服务标准，不可在协议中设置隐藏条款，杜绝在服务过程中设置陷阱、诱导消费。正视服务过程中出现的不足，及时改正和反思，真诚与客户沟通弥补过失。

任务实施

小组任务：服务项目策划。

选择身边的同学、亲属作为服务对象开展整理收纳服务，进行空间诊断并制定具体的服务方案，按流程完成服务。

任务评价

学生自我评价见表1-3-5，参考评价标准见表1-3-6。

表1-3-5 学生自我评价

任务项目	内容	分值	评分要求	评价结果
项目运营的前期准备				
项目实施过程中的步骤设计				
服务过程中的预采要求				
整理收纳方案设计				
物品准备				
入户服务流程要求				
项目结束后的要求				

表1-3-6 参考评价标准

项目	评价标准
知识掌握 （20分）	理解整理收纳的内涵和项目管理对开展家庭整理收纳服务的意义（10分） 了解好项目运营的前期准备和结束后的要求（10分）

续表

项目	评价标准
操作能力 （60分）	能够完成项目实施过程中的步骤设计（15分） 能够掌握服务过程中的预采要求（10分） 能够完成整理收纳方案设计（15分） 能够完成入户服务的物品准备（10分） 能够掌握入户服务流程的具体要求（10分）
人文素养 （20分）	具有严谨认真的工作态度和精益求精的专业意识（10分） 具有积极向上的学习精神和个性化的服务意识（10分）
总分	

同步测试

一、单选题

1. 有利于标准化服务流程的建构和业务的开展，促进家庭整理收纳服务市场的规范性，推动行业标准化和专业化发展指的是项目管理哪方面的意义？（　　）

A. 对团队的意义　　　　　　　　B. 对行业的意义

C. 对客户的意义　　　　　　　　D. 对专业发展的意义

2. 项目计划的"5W1H"中，H代表（　　）。

A. 方式、手段　　B. 目标与内容　　C. 人员　　D. 时间

3. 在整理收纳项目开展的步骤设计中，对家庭储物空间存在的问题进行剖析和诊断应在哪一步完成？（　　）

A. 前期咨询　　B. 上门空间诊断　　C. 设计服务方案　　D. 签订服务合同

二、多选题

1. 整理收纳师的工作范围包括（　　）。

A. 定位　　　　B. 扩容　　　　C. 答疑　　　　D. 服务

2. 家庭空间环境问题诊断可以从哪几个方面入手？（　　）

A. 分类不明确　　　　　　　　B. 物品位置不固定

C. 藏露不合理　　　　　　　　D. 空间规划不合理

E. 工具不当

任务二 客户管理

客户管理

任务描述

孙佳是一名家政服务与管理专业的毕业生,在家政公司担任客户顾问一职。某天客服人员向她推送了一份咨询整理收纳服务的客户信息,需要孙佳完成接下来的客户接待对接。

工作任务:孙佳应如何开展接下来的工作呢?

任务分析

要顺利完成该项工作,孙佳应具备一定的整理收纳专业知识,掌握专业的客户管理技能,依照公司客户管理方案完成客户信息建档、类型划分、需求分析等前期工作;然后相继进行客户沟通、服务介绍、预约拜访、服务开展等工作;最后制订回访计划,了解客户对服务的真实评价,积极维护客户关系。

任务重点:客户服务过程管理。

任务难点:客户管理的原则把握。

相关知识

一、客户管理内涵

客户管理,也可以称为客户关系管理,是指组织按照客户战略方针,运用多种工具和手段与客户之间建构长期稳定、科学合理的供求关系的综合管理过程,通过客户分析、持续互动,不断提升组织对客户的有效协调和控制,达成组织的客户战略目标。在客户管理过程中,客户是管理的主体,是组织发展的重要资源。

在整理收纳行业中,客户需求受家庭空间、生活习惯、家庭人员构成等多种因素影

响，具有较大的个性化特征，在开展客户服务中要全面调研客户需求，建立科学合理的客户管理制度。

二、客户管理原则

（一）动态管理

我们都知道，事物具有变化与发展的规律特点，客户关系也是一样。客户关系的建立是供需关系的起点，更是组织资源的拓展。整理收纳服务可以为客户打造一个有序、便捷、可持续的空间环境，但由于生活中人们对空间的持续使用，很难将单次的收纳成果永久性维持。采用动态管理的方式，长期跟踪并维护客户关系，有利于树立良好的品牌形象，促进客户的主动推广和再次购买。

（二）突出重点

项目开展中会收集各种不同类型的客户资料，如果不分重点统一形式管理会很难分辨客户类别，影响后续跟进和维护效果。我们要精准查找重点客户，如现有客户、未来客户或各类潜在客户，提高转化成果。

（三）灵活运用

搜集客户资料是营销推广中的重要内容，对资料进行分析并加以运用，使之有效转化为精准客户是资料价值的最大体现。整理收纳行业所搜集的客户资料不仅具有常规信息，也包含客户所表述的现实问题和个性化需求，对于营销过程来说，客户所留存的资料可以被应用到后续服务过程的始终，绝不能束之高阁，而应灵活运用。

（四）专人负责

客户资料具有私密性，通常仅供内部或特定运营环节使用。要重视对客户资料的管理，建立具体的管理办法，由专人负责，严格避免客户信息的外漏，保护客户隐私，杜绝组织内部的不正当竞争。

三、客户管理方法

（一）客户咨询

1. 客户咨询类型

客户咨询类型可以按照咨询的形式划分，也可以按照咨询的内容划分。

（1）按咨询的形式划分：

①电话咨询。电话咨询是通过电话交流的方式咨询问题，一般问题比较明确。可以是非正式咨询，如针对服务的内容、方式、价格等的咨询；也可以是正式咨询，主要面向服务的约定、指导。

②网络咨询。网络咨询是当下大众常用的一种咨询形式，网络咨询的附加意义在于网络咨询平台，同时网络咨询平台也是重要的宣传媒介。

③面谈咨询。面谈咨询是实效性较高的一种咨询方式，来访者带着专门的问题求助，整理收纳咨询师可以根据情况予以深入细致的沟通、分析和指导。

（2）按咨询的内容划分：

①专题咨询。专题咨询往往是根据家庭中存在的突出问题进行咨询，如衣柜或衣帽间的收纳、儿童玩具的收纳等。

②模糊咨询。模糊咨询没有具体的问题指向，咨询者仅凭借对整理收纳的模糊认知提出问题，如家里东西无处可放，家庭空间不够等。

2. 客户咨询内容

家庭整理收纳咨询就是专业人士对有需求的家庭或个人进行整理收纳方法、技巧和应用的指导过程。在这个过程中，咨询者获得解决家庭收纳问题和改善家庭居住环境的信息，进而达到促进家庭和谐有序发展的目的。

（1）新房全屋收纳空间规划。凡事预则立，在装修前根据房屋结构、家庭成员生活习惯、生活动线设计家庭整理收纳系统，明确家庭成员个人空间及家庭公共空间物品的指定区域，在居住后只需进行定期清扫，便可长时间维持家居环境的整洁，减轻家务负担，提高家庭空间利用效率，促进家庭成员身心健康。

（2）家庭收纳空间诊断及优化。房子与人一样都处于不断变化发展之中，从单身青年到两口之家，从宝宝孕育到老人入住，随着家庭结构的变化，家庭人口数也在不断增加，家庭各空间的使用功能也随之发生改变。以客厅为例，原来是小夫妻的电影天地，在宝宝降生之后会变成茶几都需要靠边的"活动乐园"，甚至会被安全围栏和小滑梯代替。对家庭进行收纳空间诊断是解决家庭收纳问题的重要前提，找到问题症结，了解家庭当下和未来几年的需求，才可以以发展的视角提出家庭收纳空间优化方案。

（3）收纳教育。2022年秋季学期开始，劳动课程作为中小学的一门独立课程开始执行。劳动课程内容共设置三个层级十个任务群，每个任务群由若干项目组成，整理与收纳是贯穿1~9全学段的重要学习内容（见图1-3-1）。整理收纳知识的教育和能力训练，可以帮助孩子提高自律、自理能力，养成良好生活习惯和结构化思维，对其人生发展具有长久且深远的影响。

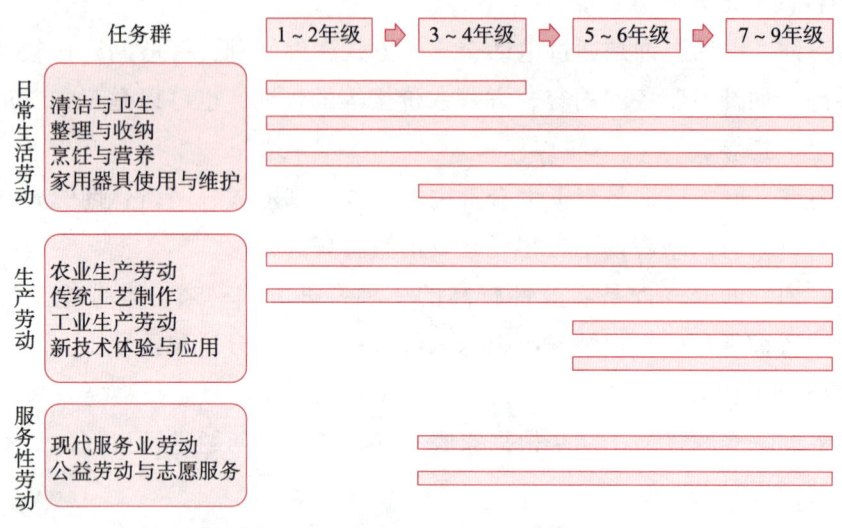

图 1-3-1 劳动课程内容结构示意图

（4）收纳爱好者、意向从业者的收纳培训。依据相关部门的调查数据，北上广等众多一线城市家庭都有整理收纳服务的需求，或者希望通过学习整理收纳改善家庭居住环境。越来越多的人开始关注整理收纳，面向收纳爱好者、意向从业者提供专业化、系统化的知识培训和应用指导，培养整理收纳专门人才，提高全民创造美好生活能力，是行业发展的必然趋势。

（二）客户接待

1. 接待礼仪

对于客户来说，接待人员的个人礼仪素养是专业能力的重要组成部分。

（1）遵守约定时间。接待人员必须在约定时间开始前完成个人、资料、物品、流程策划等多项准备，提前出现在咨询场所或线上平台。

（2）着装恰当。接待人员的着装要整洁、端庄、大方，可以有职业特色的体现，但不要生硬刻板，也不要过度强调个性化特点。

（3）态度热情亲切。接待人员在接待咨询者时要态度热情、语气温和、亲切自然，让对方感觉舒适，这样有助于沟通的顺利开展。

（4）语言文明有礼。接待人员在接待来访咨询者时要语言简洁明确、条理清楚，恰当地使用"请""您""谢谢"等文明用语，体现良好职业素养。

（5）举止得体。接待人员在咨询过程中除了语言的表达，更要注重举止的恰当得体。过分夸大或拘谨都会给来访者带来紧张、惶恐或不自在、不信任的感觉。

（6）接纳理解。面对不同咨询者的行为表现和需求特点，接待人员要秉持理解和接纳的态度，充分尊重，不可轻视鄙夷、挖苦责备。

（7）礼貌结束。咨询结束后，接待人员要对咨询者表示肯定和感谢，将面谈咨询的来访者送至门口；若接待电话咨询的来访者，要等对方先挂电话；若接待网络咨询的来访者，线上交流结束后要使用恰当的结束用语。

2. 对接待人员的要求

（1）接待人员必须接受过整理收纳知识和技能的系统学习，并获得相关专业资质。

（2）接待人员必须具有丰富的岗位实操和案例服务经验。

（3）接待人员必须具备良好的职业素养和道德修养。

（4）接待人员应热爱整理收纳行业，具有持续学习、不断探索的新时代工匠精神。

（三）客户服务过程管理

家庭整理收纳服务需要事先与客户进行明确沟通。要使沟通与服务得到客户的配合，达到良好的效果，必须使其理解相关的整理收纳知识和服务人员的意图，建立一套完整的客户服务过程管理体系。

1. 耐心讲解相关整理收纳相关知识

整理收纳师在工作中经常会遇到客户咨询关于某一物品的收纳问题，事实上针对该物品的收纳只是家庭收纳系统中的冰山一角，人们固有的利用收纳工具解决某物品的收纳问题也是收纳过程的终端环节。要通过科学的方法为客户进行指导，帮助其建立正确的收纳认知，掌握更多的收纳技巧，才能不断提高客户的收纳能力。

2. 仔细分析家庭的实际情况，做出正确的问题诊断

分析客户家庭收纳问题一般可以从家庭面积、收纳区域设计等空间结构和家庭成员的生活习惯、生活动线三个方面入手，具体分析后会发现大多家庭都会存在家庭物品分类不明确、物品位置不固定、物品藏露设计不当、空间规划不合理、工具选择不恰当的问题。

3. 充分尊重客户需求和意愿，制订改善计划

整理收纳服务应始终坚持人本原则，将客户作为一切工作的核心，充分了解不同客户的实际需求，如老人对物品的执念所产生的旧物堆积，儿童的生理特征决定了不能用成人化标准进行儿童物品的收纳和空间设计，而应充分考虑儿童的发展性，在收纳设计中"留有余地"，为儿童未来成长留有可变空间。

4. 指导并监督执行过程，了解执行的进度情况

标准流程化服务是整理收纳行业发展的必然选择，服务过程中的指导和监督是客户服务管理的重要组成部分。企业要对整理收纳服务人员进行前期指导培训，团队负责人要在业务开展中跟进服务进度，监督服务过程中的标准落实，确保整理收纳服务的高质高效。

5. 评价执行效果，必要时修正执行方案

整理收纳的服务内容包括物品定位、空间扩容、客户答疑和服务落实，一般层面的服务效果评价是从物品是否有序、使用是否便捷、能否持续使用三个视角入手，而专业层面的评价可拓展为空间规划、色彩搭配、陈列美学、收纳技巧以及服务人员的形象、操作、礼仪等众多方面。所以在客户服务管理中要客观评价执行效果，对服务中所出现的问题和不足积极应对，积极修正。

（四）客户回访

客户回访是客户满意度调查、客户关系维护的常用方法，是客户管理的重要内容。整理收纳是一项过程相对复杂并且没有统一评价标准的服务，通过回访了解客户的真实评价、关注后续使用状态、提出相应意见，有利于客户的维护和品牌良好口碑的建立。

1. 充分了解客户情况

查找客户的到访记录、服务内容以及整理收纳师上门服务情况记录，充分了解客户的需求和问题，在通用提纲的基础上设计有针对性的回访内容。

2. 确定合适的回访方式

客户回访的方式有很多，按回访形式一般可分为线上的电话回访、信息回访、邮件回访和线下的入会回访。从效率和效果来看，电话回访是客户认可度较高的回访方式。按时间一般可分为定期回访、节日回访，可以通过编辑一些问候内容或为客户推送一些日常维护技巧的方式回访，但要特别注意回访的频率。

3. 正确对待客户负面评价

在回访中遇到客户的负面评价是比较正常的，客服人员要真诚倾听，积极反馈给相关部门和人员，把危机化为转机，更好地满足客户的要求，不断提升服务能力。

学习拓展

建构积极的家庭收纳观

劳动观是指人们对劳动的根本看法和根本观点，它是世界观、人生观和价值观的重要组成部分，具体指的是人们对劳动的本质、劳动的目的、意义、劳动分工等方面的认知。作为世界观和人生观重要组成部分的劳动观，它对人们的具体劳动行为起着重要的指导作用。整理收纳的过程就是家庭劳动的过程。中国青少年研究中心"青少年学生劳动状况调研"课题组于2021年开展了一项历时三个月的专项调研,结果反映出中小学生的劳动状况不容乐观,表现在家庭劳动时间不足、劳动类型受限、劳动习惯不良等方面。建构积极的家庭收纳观,明确整理收纳的目标和意义,开展家庭整理收纳教育启蒙,对家庭发展意义重大。

(五)整理收纳教育

服务过程的结束不代表关系的结束,不定期为客户提供家庭整理收纳专业指导,培养客户良好的整理收纳习惯,有利于服务关系的长期稳定发展。

1. 物品拿取、使用后及时归位

归位是指回归原来的位置,在整理收纳中指将拿取、使用后的物品及时放回原位。家庭中对物品进行分类、整理、清洁固然重要,但要想让整理收纳后的家维持长久的良好状态,及时归位是重要的实现手段。

让家庭成员都能做到物品拿取、使用后及时归位并不是一件容易的事情。首先要按照家庭成员的生活习惯和生活动线明确物品的位置,如奶奶喜欢将塑料袋留存,那么可以在家庭指定区域(方便拿取使用的地方)设置一个塑料袋收纳盒,以"收出平衡"的原则,限定塑料袋留存的量;其次进行积极沟通和适当提醒,帮助家庭成员完成归位,如果在执行过程中遇到因物品过多产生混淆的现象,可以通过粘贴标签的方式适时提醒;最后要从小培养儿童的归位习惯,一方面促进儿童收纳能力的培养,另一方面有助于良好家庭收纳氛围的形成。

2. 合理置物,限制物品流入

在选择或者购买物品时要明确自己是否真的有需求,家庭中有没有同类物品可以替代。理性看待商家的各类促销活动,不盲目购买、不过度囤积,面对别人赠送或赠与的物品也要坚持"需求第一"的原则。

3. 定期"体检",清理家庭不用之物

在家庭生产生活的过程中家庭成员的需要会发生改变,定期给家做"体检",尽早发现三类物品并做及时清理,可以让家庭空间始终保持清爽舒适。

第一类是不需要的物品,主要指日常生活中几乎用不到,有或者没有都不会对家庭生活产生影响的物品,如多年前两元店买的香薰、厨房角落里几乎没有用过的烘焙器具、电脑里过期的文件等。

第二类是不合适的物品,主要指随着时间的流逝、阅历的增长而不再适宜的物品,如已穿不下的、过时的衣物,宝宝小时候的绘本和玩具等。

第三类是不愉快的物品,主要指在看到或者使用时会产生不愉快的心理感受的物

品，如前任送的小礼物，每每看到都有一丝惆怅涌上心头。

4. 按"一日流程"完成每日整理收纳任务

确定家庭整理目标，鼓励家庭成员制定每日整理收纳任务清单，设计一日流程，每天固定时间复盘当日执行情况。

5. 开展家庭互评及内部监督机制

孩子是父母的一面镜子，父母的言行在孩子身上会有直接的体现。可以让孩子做家庭的小小监督员，及时肯定父母的良好收纳习惯，如实反馈父母的不足之处，这种监督方式可以促进儿童积极收纳观的形成和深化。

6. 合理规划及改善家庭收纳空间

具体方法参照模块二家庭空间规划及整理收纳。

7. 通过家庭管理与活动设计提高家庭成员参与收纳能力

家庭管理是围绕家庭功能展开的，涉及家庭财务管理、家庭物品管理、家庭时间管理、家庭健康管理、家庭事务管理多方面内容。《礼记·大学》中讲"齐家、治国、平天下"，家事小，小事成基石。中国人讲家风，家庭的样子就是家中"人"的样子，孩子行为大多习于父母，学校教育只能作为后天改变的手段，根本还在于家庭。

任务实施

绘制客户管理思维导图。

任务评价

学生自我评价见表1-3-7，参考评价标准见表1-3-8。

表1-3-7 学生自我评价

任务项目	内容	分值	评分要求	评价结果
客户咨询的类型划分				
客户咨询的内容				
客户接待的礼仪				
客户接待的要求				
客户服务过程管理的具体方法				
客户回访的相关内容				

表 1-3-8 参考评价标准

项目	评价标准
知识掌握（20分）	了解客户管理的内涵和原则（10分） 了解客户管理的原则（10分）
操作能力（60分）	掌握客户咨询的类型和内容（10分） 掌握客户接待的礼仪和要求（15分） 掌握客户服务过程管理的具体方法（20分） 掌握客户回访的相关内容（15分）
人文素养（20分）	热爱整理收纳行业，专注行业发展，时刻保持积极向上的学习精神（10分） 能够以严谨认真的态度和专业素质开展客户管理工作（10分）
总分	

同步测试

一、单选题

1. 下列不属于客户管理原则的是（　　）。

   A. 静态管理　　　B. 突出重点　　　C. 灵活运用　　　D. 专人负责

2. 面对不同咨询者的行为表现和需求特点，接待人员要秉持理解和接纳的态度，充分尊重，不可轻视鄙夷、挖苦责备，这体现的是哪种接待礼仪？（　　）

   A. 遵守时间　　　B. 接纳理解　　　C. 态度热情亲切　　　D. 举止得体

二、多选题

1. 按咨询的形式划分，整理收纳客户咨询一般有（　　）三种形式。

   A. 电话咨询　　　B. 网络咨询　　　C. 面谈咨询　　　D. 专题咨询

2. 对接待人员的要求有哪些？（　　）

   A. 必须接受过整理收纳知识和技能的系统学习，并获得相关专业资质

   B. 必须具有丰富的岗位实操和案例服务经验

   C. 必须具备良好的职业素养和道德修养

   D. 热爱整理收纳行业，具有持续学习、不断探索的新时代工匠精神

答案

模块二　　实践技能篇

项目一　家庭空间规划及整理收纳

【项目介绍】

　　按照功能划分，家庭空间可以分为卧室、客厅、餐厅、厨房、卫生间五大基础功能区，也可细化出儿童房、老年房、书房、玄关、阳台等区域。随着居住时间的推移和家庭成员人口数量的增加，日益增多的物品不断压缩着家庭中人们可使用的空间，矛盾便会随之产生。家庭空间规划及整理收纳就是为了解决家庭中人员、物品和空间的矛盾，实现人员、物品和空间三者和谐共处的目标。

【知识目标】

1. 掌握卧室与衣橱、儿童房、餐厨、客厅、书房、玄关、卫浴的空间规划原则。
2. 掌握几大空间物品分类方法。
3. 掌握书柜整理收纳的方法。
4. 掌握卫生间收纳的技巧与方法。
5. 熟悉厨房的布局、清洁、厨房用品的保养和基础清理知识。
6. 了解书房基本结构组织形式和常见书柜、书籍的相关尺寸。

【技能目标】

1. 能够运用专业知识对卧室、衣橱进行空间规划，合理选择和利用整理收纳用品，能够合理有效收纳衣物。

2. 能够对儿童房合理分区，针对儿童成长不同阶段的需求，选择合适的收纳工具，完成儿童物品的整理收纳。

3. 能够对厨房的餐具、橱柜、墙面、冰箱进行收纳整理。

4. 能够对客厅收纳工具进行挑选，运用正确的收纳技巧、选择合适的收纳工具完成客厅物品收纳。

5. 能够根据书柜特点合理收纳书籍。

6. 能够根据空间选择合适的收纳工具。

【素质目标】

1. 具有质量意识、环保意识、安全意识以及为实现美好生活而不断探索的职业精神。

2. 具有精益求精的工匠精神和爱岗敬业的奉献精神，能够运用所学知识为家庭提供优质服务，能够做到全心全意为服务对象考虑。

3. 树立爱党报国、服务人民，为增进人民福祉、提高人民生活品质而不懈努力的崇高理想。

任务一 卧室与衣橱空间规划及整理收纳

卧室与衣橱空间规划及整理收纳

任务描述

小丽很苦恼。卧室里的衣橱层板之间的空间明明不小，本可以收纳不少物品，却总觉得不够用，并且拿取复乱的问题严重。裤架、多宝格利用率很低，能放的东西不多，占地儿还不少，被闲置后下面堆满了杂物。从衣橱里拿出来试穿的衣服往往自己就没有耐心再重新叠好放回去了，卧室里衣服被扔得到处都是，惨不忍睹。

工作任务：如何帮小丽解决烦恼呢？

家庭整理与收纳

任务分析

对卧室空间进行合理分区，明确规划；对缺陷衣橱进行合理改造，合理规划衣橱空间；合理选择和利用整理收纳用品，掌握基本衣物整理收纳技巧。

任务重点：根据衣橱的功能和主人的需求，重新规划衣橱空间。

任务难点：选择合适的整理收纳工具，对衣物进行分类整理。

相关知识

人的一生中有将近三分之一的时间是在卧室中度过的。卧室是现代家庭生活中最重要的角色。卧室空间规划的合理与否、整洁与否，会直接影响到人们的生活、学习和工作。

一、卧室的空间规划

一般来说，地域环境不同、家庭经济状况不同、生活方式不同、年龄段不同，对卧室的要求、风格均不相同。但卧室的空间规划必备功能区大致相同，可分为睡眠区、储物区和辅助功能区。辅助功能区根据居住者的实际需求和卧室空间的大小，可以增配相应的视听区、学习工作区或梳妆区等个性化区域（见图2-1-1）。

图2-1-1 卧室的空间规划

（一）睡眠区

睡眠区的主要家具一般包括床和床头柜。睡眠是人们周期性出现的一种自发的可逆性静息状态，表现为机体对外界刺激反应性降低，即意识的暂时中断。正常人脑的活动始终处于觉醒和睡眠交替状态，是生物节律现象之一。充足的睡眠可以消除疲劳，使人恢复体力，促进身心健康。睡眠区是卧室最主要的功能区，一张舒适的大床和整洁有序的卧室环境能够让使用者彻底放松下来，使之拥有优质睡眠，恢复生命的能量。

（二）储物区

衣橱可以说是大多数卧室的标配，也是最重要的收纳空间。对于大多数家庭来说，衣帽间是可望而不可即的存在，在卧室当中打造一个功能强大的衣物收纳区是非常重要的。除此之外，各类生活物品也需要恰当的空间进行收纳。卧室中的五斗柜、床箱以及各类辅助收纳工具与衣橱共同构成了卧室储物区。

还有一些家庭，卧室中单一的衣橱已经不能满足储物需求，衣帽间成为衣橱的替代品和补充。根据住宅设计不同，衣帽间有独立的，也有在大卧室一隅的。一般是各类衣橱的组合，多靠墙放置，有些会设计转角，大多有可调节的挂杆和隔板，方便使用者根据个人衣物的款式进行自由组合。

（三）视听区

视听区，卧室空间规划的增配区之一，可根据个人喜好添置电视、投影仪器等多媒体设备，以打造一个可以躺在床上看电视、听音乐的放松身心的场所。但这一做法并不推荐，如果家庭成员共用卧室，视听区的使用会对其他家庭成员造成影响，与此同时，作为日常休息的主要区域，过多的电子设备会干扰睡眠，对身体健康产生影响。

（四）梳妆区

梳妆区一般根据住房建筑情况设计在卫生间或卧室，其主要配置是镜子和收纳区。梳妆区可以是卧室空间规划的增配区之一，可根据女主人的习惯和喜好添置梳妆台。

（五）学习工作区

学习工作区是卧室空间规划的增配区之一。能在卧室拥有临时办公等功能的区间，对于习惯睡前学习或阅读的人来说是非常方便的。一般可以选择在良好光线的地方布置书桌，或与床相邻，既方便睡前阅读拿取书籍、笔记等，又可用于睡前放置随身物品，对于空间较小的卧室来说还能充当床头柜。

二、衣橱的空间规划

只要衣橱的功能足够强大，空间规划合理，就能容纳家人所有的衣物、换季床品，解决卧室的储物问题，避免出现物品凌乱的现象。

市面上常见的衣橱主要有三种：步入式、整体式和分体式。但无论是什么样的衣橱，只要满足以下分区要求就是较为合理的（见图2-1-2）。当然不同家庭可以根据自己的不同需求，进行个性化设计。

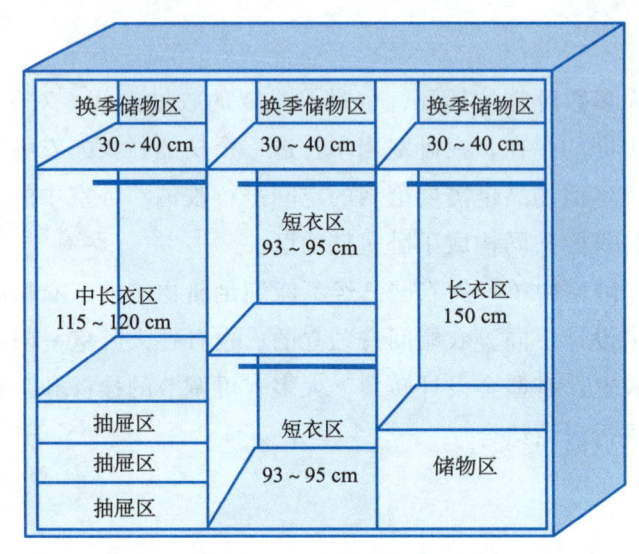

图 2-1-2 衣橱的分区

（一）储物区

衣橱储物区常规高度为30～40 cm，也有因为房屋举架较高，高度为50～60 cm的。这个区域一般位于衣橱上层靠近顶端的位置，可以存放换季的衣物、不常用的被褥等物品，还可以存放一些包包、帽子及其他小件物品。在存放时需要注意的是，应选择合适的收纳工具将其进行分类收纳，比如可以选择百纳箱，既查找方便，又取用灵活，不容易复乱。

（二）挂衣区

挂衣区适合挂放常穿、应季的衣物。特别需要注意的是，同样空间内挂放衣物的数量要多于叠放衣服的数量，这样在拿取衣服时会省去反复叠放的动作，既省时省力，还不容易复乱。根据衣服的长度，可将衣橱分为短衣区、中长衣区和长衣区。

短衣区是大多数家庭中使用最多的空间，高度可以规划为93～95 cm，用于悬挂上衣、长裤和半裙等衣物。

长衣区可以根据衣服的长度分为两个尺寸：膝盖以上长度的衣物为中长衣，衣橱尺寸可规划为115～120 cm；小腿和及踝长度的衣服为超长衣，衣橱尺寸高度可以为150 cm及以上。

(三) 抽屉区

抽屉区通常可以用来收纳内衣、内裤、袜子、吊带背心、打底裤、丝巾等小物件。抽屉区虽然是衣橱中必不可少的区域，但建议在空间规划中，尽量选择塑料PP抽屉代替衣橱自带的固定抽屉。原因有三：其一是衣橱自带的固定抽屉成本相对塑料PP抽屉要高很多；其二是固定抽屉位置已经固定，不能根据需要任意搬动位置，而塑料PP抽屉既可以叠放，又可以任意搬动，使用非常灵活；其三是塑料PP抽屉有多种尺寸和款式可以选择，完全满足个性化需求。一般情况下，抽屉区应该设计在中长衣区的下方，既方便拿取又不浪费空间。

(四) 层板区

层板区不是衣橱必备区域，可以根据有无需求进行设置，或根据需求的多少进行空位预留。但无论多少，它的空间都应该是独立的。该区域一般存放包，尺寸通常为20 cm、30 cm、40 cm。该区域可以打侧排孔，便于随时调整层板高度，满足不同时期的需求（见图2-1-3）。

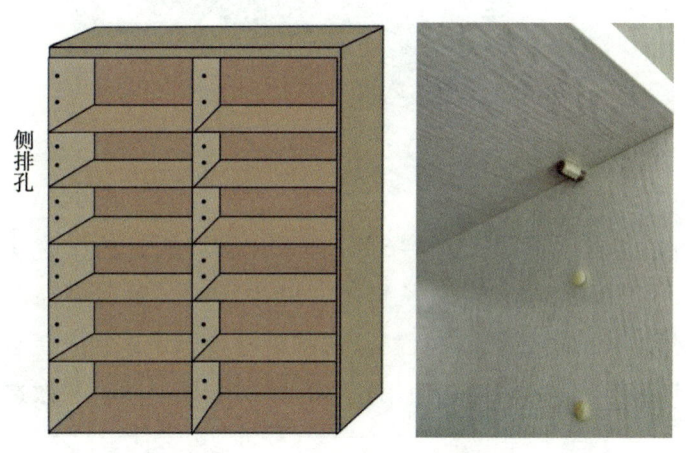

图2-1-3 层板区和侧排孔

任务实施

一、改造缺陷衣橱，提升储物空间

要想让现有的衣橱空间规划变得合理，就要动手把衣橱改造成自己理想中的样子，把不合理的空间改造成挂衣区。

（一）拆除多余层板和不实用的抽屉、多宝格、裤架

市面上常见的衣橱材质有五种：

其一是实木板材，即用原木制成的木板材。它的特点是坚固耐用，缺点是价格不菲、不好打理，南方潮湿容易变形，北方干燥容易开裂。纯实木柜子的工艺与其他柜子不太相同，改造起来有一定难度。

其二是实木多层板材（见图2-1-4），即由三层或多层的单板或薄板的木板胶贴热压制而成。一般分为3厘板、5厘板、9厘板、12厘板、15厘板和18厘板六种规格（1厘即1 mm），环保等级达到E1，是目前手工制作家具最为常用的材料。特点是性价比高，不易变形，强度大。与实木的材质、工艺类似，改造起来也有难度。

图2-1-4　实木多层板材

其三是实木颗粒板材（见图2-1-5），即采用同一树种的树蔓（除树头与树根剩余的40%）部分，用特殊工艺打碎成长短不一的木纤维，然后经高温高压，利用树木本身的植物胶的黏性压制而成的人造板材。这种板材杜绝了添加人工合成的化学胶水而造成的甲醛等其他有害气体的污染，使用这种板材的衣橱是最容易改造的。

图2-1-5　实木颗粒板材

其四是高密度板，即以木质纤维或其他植物纤维为原料，施加适用的胶粘剂制成的人造板材。其特点是可塑性强，可以呈现多种造型。但不建议把这种板材用在橱体内部，因为这种板材膨胀系数较高，抓钉性不强，时间久了容易松动，导致橱体变形。

其五是免漆板（见图2-1-6），实际是指三聚氰胺浸渍胶膜纸饰面人造板，简称三聚氰胺板或三胺板，是一种人工制作的复合板材，主材料是刨花板，通过防火、抗磨、防水浸泡等一系列特殊工艺制作而成，性能稳定、环保性能好，使用效果雷同于复合木地板，是目前应用较广泛的一种装饰材料。

图2-1-6 免漆板

在行业中，常把免漆板称为生态板，严格来说，经过检测，甲醛释放量≤1.5 mg/L，达到E1级环保标准的免漆板才可称为生态板，即生态板是环保达标的免漆板。免漆生态板是目前最为流行的一种板材，环保免漆板创造性地将免漆饰面、生态环保与自然原木的优质感官融于一体，低碳环保、耐磨、耐高温、耐腐蚀、防水防潮、握钉力好、变形小、幅面大、施工方便、不翘曲，具备许多天然木材所不兼备的优异性能。

可以自己动手改造的层板有以下三种：第一种为层板放置在层板托上可自主调节；第二种为可抽拉式的层板，把带凹槽的层板插入衣橱里凸起的部分，使层板嵌入衣橱内，一般多见于实木衣橱；第三种为层板四个角的边缘处带有可拆除的钉子。被螺丝拧紧固定的，直接用螺丝刀旋转螺丝之后，便可以抬起层板；用白色的扣卡住的，推开白色开关，层板即可抬起。除以上三种自己可以动手改造的层板外，还有个别老式的或直接固定死的层板，想要拆除的话，需要求助专业人士。

除了拆除层板扩充空间，衣橱里的自带抽屉、多宝格以及裤架也往往占据了不少空间，却没起到很好收纳效果，这种收纳鸡肋用品建议拆除。抽屉、多宝格和裤架基本上用到了滑道，以抽屉为例：在拆除的时候，只要把滑道拉开，在它的左右两边分别有个"黑色小条"，只需一上一下按压它的同时把抽屉拉出来，就可以把这个区域拆掉了。

（二）安装合适的衣杆

1. 衣杆的选择

首先要看款式。在选择时，一定要兼具结实耐用和美观的特点，尽量选择与原衣橱颜色一致的款式。如果选择常见的圆管状衣杆，建议选择中间加固不锈钢材质的，否则衣物挂多或挂久之后，容易弯曲变形。如果选择椭圆形的衣杆，建议选择不带防滑条、中间有横档、内部带加厚的，因为椭圆形的衣杆大多是铝制的，硬度不高，承重力弱，容易弯曲变形。带防滑条的衣杆在找衣服的时候会很难拨动，非常不方便。除以上两种常见衣杆外，还有一种是钉到衣橱顶的衣杆，这种也不建议购买使用，因为它的承重效果不如左右固定的好。如果衣杆跨度很大，怕中间压弯，还可以在衣杆上加一个圆通钉到衣橱顶上进行加固。

其次要测长度。衣杆的实际购买长度 = 衣橱内部净宽 - 两个法兰的厚度。（注：法兰是指轴与轴或管与管之间相互连接的零件）见图 2-1-7 和图 2-1-8。

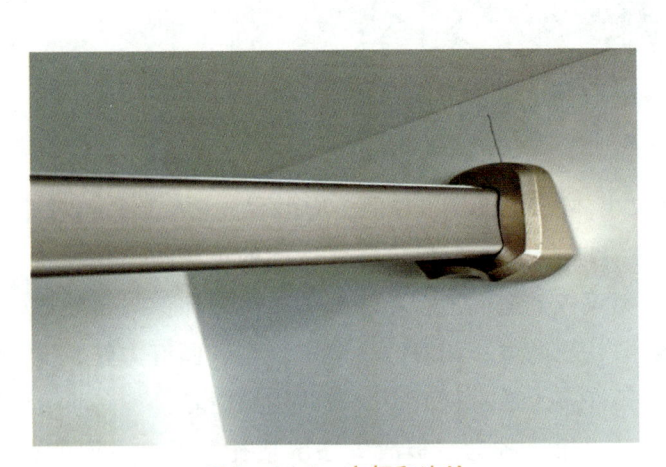

图 2-1-7　衣杆和法兰

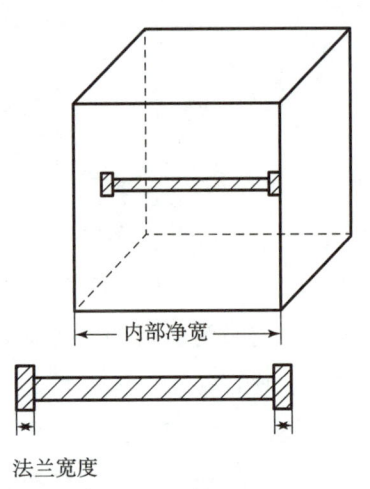

图 2-1-8　衣杆的实际购买长度

2. 衣杆安装的正确位置

衣杆安装的高度为与顶端层板之间的间隔在 4 cm 左右，能方便拿取衣架即可。

3. 衣杆安装的进深

通常是以常用衣架的宽度来确定的，正确做法是衣架的一半再多预留 3 cm 就是衣杆距离内侧衣橱壁的正确位置。

安装衣杆前要先按照上述位置将法兰安装到衣橱左右橱壁上，然后再放上衣杆即可。

二、巧用收纳物品进行分类整理

俗话说"工欲善其事，必先利其器"。要想达到良好的整理收纳效果，就要选择实用又美观的衣橱收纳工具进行分类整理。在这之前，需要先将衣橱内的所有衣物清空，然后按照下面原则进行分类整理：衣服能挂起来的坚决不叠，并选择合适的衣架悬挂到挂衣区；常穿的内衣、小件衣物等选择合适的 PP 树脂收纳抽屉收纳；不常穿的换季衣物、床品等选择合适的百纳箱收纳。

（一）衣架

衣架是衣橱里的必备之物，市面上的衣架琳琅满目，如果随便选择使用的话，会直接影响到衣橱的容量以及衣服的"品相"。

普通塑料衣架的特点是经济实惠，但塑料制品不环保，且容易使衣物肩部出包变形。

木制衣架的特点是有很好的质感，但体积较大，占用空间较多，质量偏重，不防滑，保养不好容易干裂。

铁丝衣架的特点是价格便宜，但易变形生锈，容易使衣物肩部出包变形，不防滑。

不锈钢衣架的特点是不防滑，衣服易脱落，容易使衣物肩部出包变形，在特殊情况下会生锈。

植绒衣架的特点是环保无污染，超薄设计，厚度仅为 0.4 cm，能够最大限度节省空间，增加衣橱的容量；防滑性能好，可干湿两用，晾干衣服，省去叠衣服环节，直接挂在衣橱内；柔韧性强，不易弯曲变形，承重性能佳，轻巧方便携带，挂衣服不易出包。

以上就是市面上常见的衣架种类，首推植绒衣架。

（二）PP 树脂抽屉式收纳盒

PP 树脂抽屉式收纳盒的材质是聚丙烯，环保健康无异味，透明简约又时尚，既可以单独使用也可以摞起来使用，既能填补衣橱中的收纳空白又能做到拿取衣服灵活方便，因此备受人们喜爱。

PP 树脂抽屉式收纳盒型号多样，可以根据个人需要和衣橱尺寸进行选择。建议用它收纳秋衣、秋裤、内衣、内裤、袜子、丝巾、领带等类型的常用小衣物，如果家中衣橱挂衣区的悬挂空间非常有限，也可以将 T 恤、牛仔裤等叠起来竖放进收纳盒里进行收纳。

（三）百纳箱

百纳箱是衣橱储物区常用的收纳工具，经常用来分类收纳不常用、换季、适合叠放的物品，例如棉袄、床品四件套、浴巾、被褥等物品。

百纳箱一般采用环保牛津布材质制成，超强承重；顶面、侧面两处有拉链设置，从顶部存放、从侧面拿取，非常方便；侧面半透明的设计让里面存放的物品一目了然；不用的时候可以折叠起来，本身收纳也很方便；各种型号均有，其中 66 L 的百纳箱最常用。

三、保持归位习惯，告别东翻西找

衣服分类整理完成后，剩下的就是让衣橱的每个功能区各司其职，收纳的衣物在每个区域一目了然，从此告别东翻西找的生活。除此之外，还要养成及时归位的习惯，卧室自然变得井然有序，不会复乱。

衣橱收纳整理四步曲：清空衣橱—规划改造—衣物分类—归位养成（见图 2-1-9）。

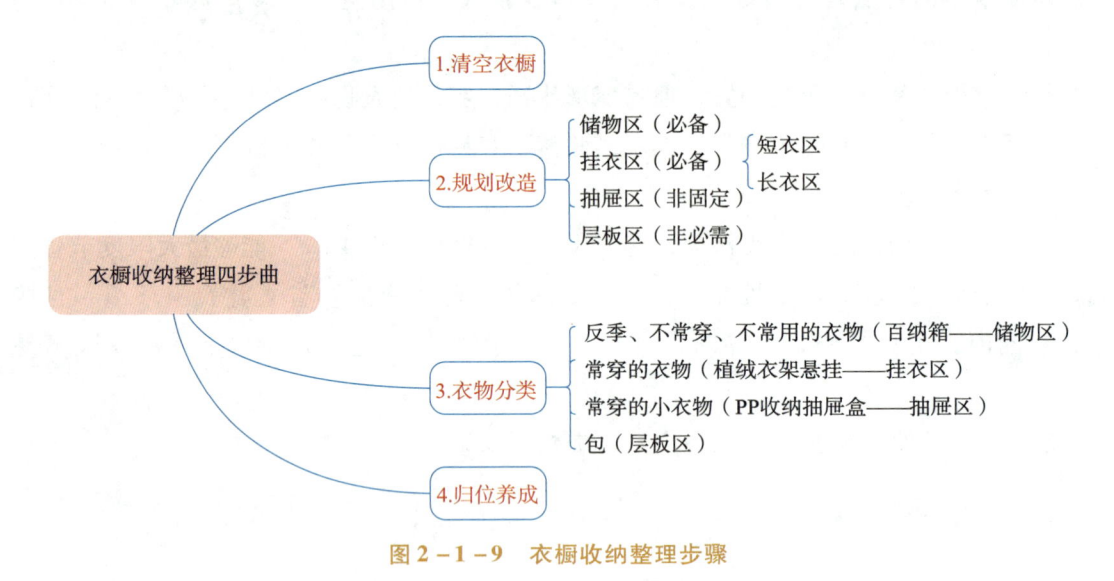

```
衣橱收纳整理四步曲
├─ 1.清空衣橱
├─ 2.规划改造
│   ├─ 储物区（必备）
│   ├─ 挂衣区（必备）─┬─ 短衣区
│   │                └─ 长衣区
│   ├─ 抽屉区（非固定）
│   └─ 层板区（非必需）
├─ 3.衣物分类
│   ├─ 反季、不常穿、不常用的衣物（百纳箱——储物区）
│   ├─ 常穿的衣物（植绒衣架悬挂——挂衣区）
│   ├─ 常穿的小衣物（PP收纳抽屉盒——抽屉区）
│   └─ 包（层板区）
└─ 4.归位养成
```

图 2-1-9　衣橱收纳整理步骤

任务评价

学生自我评价见表 2-1-1，参考评价标准见表 2-1-2。

模块二　实践技能篇

表 2-1-1　学生自我评价

任务项目	内容	分值	评分要求	评价结果
合理规划卧室空间				
正确改造缺陷衣橱				
选择合适的收纳工具对衣物进行分类整理				

表 2-1-2　参考评价标准

项目	评价标准
知识掌握 （30 分）	要求回答熟练、全面、正确： 说出卧室空间规划区域（15 分） 说出衣橱空间规划区域（15 分）
操作能力 （40 分）	要求判断正确、到位，方案合理： 能正确改造有缺陷的衣橱（20 分） 能选择合适的收纳物品对衣物分类整理（20 分）
人文素养 （30 分）	以认真负责的态度为客户提供优质服务（10 分） 具有严谨认真的工作态度和安全防护意识（10 分） 具有奉献精神，全心全意为客户考虑（10 分）
总分	

同步测试

多选题

1. 卧室的空间规划必备功能区有（　　）。

   A. 睡眠区　　　　B. 储物区　　　　C. 学习工作区　　　　D. 视听区

2. 根据衣服的长度，衣橱的挂衣区可以分为（　　）。

   A. 短衣区　　　　B. 中长衣区　　　C. 长衣区　　　　　　D. 大衣区

3. 在空间规划中，下面对抽屉区的描述正确的是（　　）。

   A. 衣橱自带的固定抽屉成本相对塑料 PP 抽屉要高很多

   B. 固定抽屉位置已经固定，不能根据需要任意搬动位置，而塑料 PP 抽屉既可以叠放，又可以任意搬动，使用非常灵活

   C. 塑料 PP 抽屉有多种尺寸和款式可以选择，完全满足个性化需求

   D. 一般情况下，抽屉区应该设计在中长衣区域的下方，既方便拿取，又不浪费空间

4. 在改造有缺陷的衣橱时，需要拆除的有（　　）。

A. 多余层板　　　　B. 不实用的抽屉　　　C. 多宝格　　　　　　D. 裤架

5. 推荐的收纳工具有（　　）。

A. 植绒衣架　　　　　　　　　　　　B. 百纳箱

C. PP树脂抽屉式收纳盒　　　　　　 D. 多宝格

6. 衣橱收纳整理的步骤包括（　　）。

A. 清空衣橱　　　　　　　　　　　　B. 规划改造

C. 衣物分类　　　　　　　　　　　　D. 归位养成

答案

任务二　儿童房空间规划与整理收纳

儿童房空间规划与整理收纳

任务描述

"妈妈，我的草莓熊公仔在哪呢？我想玩。""妈妈，我的白雪公主裙儿在哪呀？我要穿。""妈妈……"

"为什么每次用完了不知道自己放回去？""为什么你的东西扔得家里到处都是？""为什么……"

这是麦子家每天都要上演的剧目。

随着麦子的出生，家里面属于她的用品暴增，玩具、零食、水杯到处都是，混杂着大人的物品分外杂乱。房子虽不小，可就像来了千军万马，每一个空间都被物品占领了。每天给她找东西都要翻箱倒柜，找不到，还得重新再买；每次费劲收拾一整天，复乱不超三分钟。更严重的问题是，随着麦子一天天长大，屋里的物品越来越多，学习物品和其他物品混杂在一起，没有一个良好的学习空间，麦子顾此失彼，注意力都无法集中。

工作任务：如何做才能打造一个适合成长、干净整齐的儿童房呢？

任务分析

儿童房空间规划不合理，功能性欠缺，要跟上孩子成长的脚步，合理规划使用空间；物品多，收纳空间不足或没有使用正确的收纳体，孩子无法整理收纳物品，利用合理的收纳方法和收纳工具,使孩子能够自己整理收纳。

任务重点:根据功能和需求,重新规划空间。

任务难点:选择合适的收纳工具,明确功能定位,对物品按类别进行收纳。

相关知识

现代家庭生活中,儿童房对孩子成长的价值是不可估量的。一个优质的儿童房不仅可以满足孩子的日常休息、学习、玩耍所需,为孩子提供一个健康快乐的成长环境,还可以发展孩子的兴趣爱好,帮助孩子养成良好的生活习惯,甚至对培养孩子独立自主的生活能力、管理自己空间和时间的能力、良好的规则意识都有至关重要的作用。

一、儿童房的空间规划原则

(一)成长性原则

儿童房是家里最不可能一劳永逸的空间。随着孩子年龄的增长,身高、体重、兴趣爱好、衣服的尺码、喜欢的玩具、阅读的图书等都会发生改变,而这些变化导致的需求也会投射到生活的场景中。

儿童房空间规划的关键在于其成长属性,对其空间的规划不是静态不变的,而应该是动态发展的,既要忠于孩子当下的意愿,又要考虑到孩子未来的需求,需要为未来适当留白。

(二)空间合理利用原则

儿童房要有合理的空间布局和功能划分。根据儿童的需求程度,按照必备到扩展的顺序可分为睡眠需求、储物收纳需求、学习需求、活动需求、陪伴需求、展示需求等。所以,儿童房必须具备的功能区包括睡眠区、收纳区、学习区,建议配置的功能区为活动区。除了以上功能区,如果空间允许或者消费者有个性需求,还可以加入增配区,如陪伴区和展示区。

儿童房功能区的细分,一方面能够方便收纳区域的有关物品,另一方面也有助于孩子养成良好的生活习惯和生活秩序,从而为孩子成长创造健康舒适的环境。

(三)尊重生活动线原则

所谓动线是指人为了完成一系列动作所走的路。很明显,走的路越短,路线越笔直不绕弯,效率越高,人花费的额外精力越少。在为儿童房进行空间规划的过程中,应该根据儿童的生活习惯,设置的生活动线不要过于曲折迂回,而应让儿童直达所需的功能区间。

（四）伸手可及处原则

伸手可及处是指伸手就能拿到或取用物品的活动范围。在孩子伸手可及处收纳物品，能培养孩子整理收纳的习惯。善用伸手可及处原则，可让孩子从小养成自己收拾整理的习惯。

二、儿童房的收纳分类

儿童房里无非都是孩子的衣物、书籍、玩具、杂物等，将几类常见的物品规划分区，这样孩子就能自己对物品进行归位了。

（一）按功能分类

现在常穿的衣物和换季衣物可以按照同类功能在挂衣区悬挂收纳，不常用的衣物可以放到收纳区叠放收纳。

（二）按种类、大小、使用频率分类

玩具、书籍等小物件可以按照种类、大小来收纳。玩具按照种类放入手拉式收纳盒，每个收纳盒配备相应的标签，确定固定位置，做好收纳盒的放置区，每次玩完之后，督促孩子放回原位。对于书籍来说，最好的收纳办法就是放入书架，可以按照书籍的种类、大小收纳。

（三）按类型分类

按照学习用品、生活用品、外出用品等不同的类型进行归纳，每个类型用品使用不同的收纳盒收纳将会事半功倍。每个孩子都有不一样的性格，所以这个世界上也不应该有完全一模一样的儿童房，最好的儿童房设计是根据孩子的性格喜好和家庭空间环境量体裁衣。

任务实施

一、打造基本功能区，合理规划使用空间

通过移动或改造家具，将儿童房划分为睡眠区、收纳区、学习区和活动区四个基本功能区（见图2-1-10）。

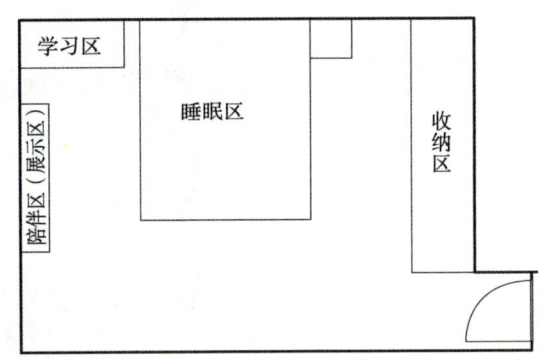

图 2-1-10 儿童房及其分区图

（一）睡眠区

舒适安全的床具是必不可少的。儿童处于生长发育期，且睡觉具有好动、好翻身等特点，选择床具时不宜过小、过软、过硬。小童的床建议靠墙放置，这样不仅可以避免其好动滚下床，还能预留更多的活动空间。根据房间大小也可以选择上床（带床挡）下书桌儿童组合床，阶梯以收纳抽屉组合，提高空间利用率。

（二）收纳区

儿童在成长过程中的核心物品主要包括衣服、书籍、玩具，这也是收纳区里主要的收纳物品。明确物品的定位，能够让孩子顺利做好物品的归位。

1. 核心物品一：衣物

衣物分为当季和换季两类。空间允许的情况下可全部放进挂衣区悬挂收纳，好找好拿。市场上销售的衣橱，大部分挂衣杆是固定的，缺乏可变性，不适应儿童成长的需求。儿童的身高是随年龄增长一直持续增长的，特别是在10~13岁会猛地"蹿高"。针对这一特点，在改造衣橱的时候，可以将衣橱划分为挂衣区和收纳区。挂衣区可以定制两条波浪形的"任意撑"（见图2-1-11），一左一右安装在衣橱侧板上。挂衣横杆架在"任意撑"上。"任意撑"上下两档之间的间隔是50 mm，可以根据季节和衣长任意调节。需要注意的是，要保持有一个常用的挂衣横杆架始终与孩子身高相匹配，方便孩子自己拿取归位衣服，管理好自己的衣物。另外，孩子通过每天自主选择搭配衣服，也会逐渐形成自己独有的审美品位。

经常用来替换的床品放在衣物下方或者放在位于收纳区下方的可叠加式分类储物盒里（见图2-1-12），随取随用。换季和不常用的物品，例如棉被、褥子等可以放进上方收纳区的百纳箱里。

图 2-1-11 波浪形"任意撑"

图 2-1-12 可叠加式抽屉分类储物盒

2. 核心物品二：书籍

随着孩子的成长，家里除了大大小小的绘本，还会有上学用到的课本、辅导书、课外读物等，不管书的种类如何繁多，最好的收纳工具就是书架（见图 2-1-13）。书籍可根据孩子的阅读习惯，按照种类、大小、阅读频率等规律整齐美观地放置。

需要注意的是，书架净深不宜过大，大多数书的尺寸都在 A5 纸大小，少数大开本的书最长的边也不超过 300 mm，即使考虑收纳文件盒和书包的需求，书架深度 350 mm 也已经足够。如果书架的层板深度超过 350 mm，那么放完书后前侧还有一定富余空

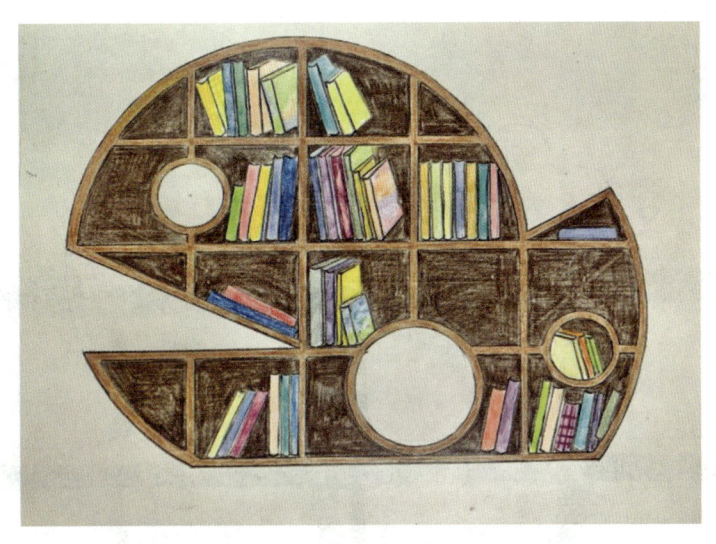

图 2-1-13 书架

间，这部分空间很容易成为随手堆放小杂物的场所，既显得凌乱，又会妨碍孩子抽取书籍。

因此，书架净深度建议值约 300 mm，不超过 350 mm。

3. 核心物品三：玩具

玩具是伴随孩子成长必不可少的物品之一。要想将数量多、种类杂的玩具收纳得井井有条，首先就要为玩具进行分类（见图 2-1-14）。常见的儿童玩具主要分为拼图玩具类、游戏玩具类、数字算盘文字类、工具类、益智组合类、积木类、交通玩具类、拖拉类、拼板玩具类、卡通玩偶类等。

图 2-1-14 分类收纳玩具

根据孩子的喜好和习惯，选择展示柜或收纳箱分门别类收纳，并贴上相应类别的标签，明确各种物品的定位，方便孩子将物品归位。对于年龄偏小的孩子，可以选择带滑轮的收纳箱，既方便拖拽也富有趣味性；对于年龄大一点的孩子，可以选择普通收纳盒或抽屉式收纳盒（见图 2-1-15）。

图 2-1-15　普通收纳盒

（三）学习区

学习区是儿童房必备功能区间。最好选择儿童房内相对稳定且采光较好的位置，并且放置可以根据孩子年龄调节高度的书桌和座椅。学习区不适宜放置摆件、玩具、杂物等与学习无关的东西，避免分散孩子的注意力。有条件的家庭可以为孩子打造自己专门的书房。

（四）活动区

活动区是孩子游戏、玩耍的空间，在儿童房空间规划中需要留出一部分集中活动区域，便于孩子玩耍。活动区最好临近玩具收纳区，便于孩子随手收纳玩具，形成良好的收纳习惯；活动区建议设置小黑板，有利于亲子交流和培养孩子创意思维。如果儿童房较小，可以把活动区放在客厅，并且在客厅一角设置收纳区。

二、清减无用物品，优化收纳空间

儿童生长阶段不同，需求侧重也不相同，应选择合适的收纳工具，整理收纳物品。

（一）3~6岁阶段，留足空间是关键

3~6岁是孩子成长的关键期，他们进入了幼儿园，品格、个性、爱好会快速发展，

对世界充满了探索欲。孩子到了这个年龄阶段，家长就可以开始为他们准备专属的儿童房了。

这个阶段的孩子爱玩爱热闹，可以通过积木玩具、黑板墙、立体墙饰等热门元素的布置来丰富房间。这一阶段还应慢慢培养孩子的独立意识，或是规划一个区域，放上书架、玩具等，或是放置一张小书桌，方便日常写写画画，为下一个学习阶段提前做好准备。

3~6岁年龄段的孩子正处于活泼好动、想象力丰富的时期，在这个时间段需要注意尽可能为他们提供更多的、整块的活动空间。

收纳区。准备一个收纳矮柜和方便分类的收纳盒，让孩子在学习与游戏中逐渐学会自己收纳玩具、蜡笔等物件，培养独立自主的个性。

注意事项

（1）此年龄段的孩子喜欢到处乱跑，因此地面、家居防护还需留心，如使用地毯、靠垫、桌椅包边等。

（2）设计兴趣启蒙区，如绘画空间、演奏空间、阅读角，让孩子在儿童房内主动探寻自己的喜好。

（二）6~9岁阶段，培养孩子专注力

6~9岁年龄段的孩子逐渐进入学习阶段，儿童房的"角色"也要随之转换，从之前的"游戏房+阅读角"模式转变成"书房+卧室"模式，该阶段是培养孩子专注学习的关键阶段。

因此，此阶段的儿童房设计要考虑将"学习区"与"活动区"划分开来，引导孩子在专门的区域做该做的事。

储存空间大的衣橱可以收纳下超多衣物与生活用品；书桌置物架可摆满各种书本与儿童读物，非常实用。

收纳区：活动区可以相应缩小，安排"书架+收纳"组合，同时在收纳区贴好标签，培养孩子学习独立收纳的能力。

（三）9~13岁阶段，关注孩子智慧成长

9岁以上的孩子早已进入学习、智慧成长期，游戏不再是生活的主角。在这个阶段，培养孩子的自主学习和自理能力是重点。

在空间配置上，一张舒适的床、一个独立的学习区和收纳区必不可少。

值得注意的是，进入中学时期的孩子，学习在生活中占的比重更大，学习资料也会越来越多。因此，要给孩子预留足够大的学习空间，缓解学业压力。

收纳区：为了更好地培养孩子的独立生活能力，除了衣橱还可以多配置一些抽屉柜，教导孩子学会分类收纳各种物品。

（四）13 岁以上，尊重孩子独立需求

进入青少年阶段，孩子已经脱离了"儿童"定位，房间的布局设计也基本可以稳定下来。但这一时期孩子的升学压力巨大，在设计时要重点关注其学习需求。

尊重孩子独立性、私密性、个性化的需求，让孩子参与到设计中是最好的选择。

风格设计上脱离稚嫩，注重孩子的个性及设计的耐用与长久性；家具选择上，可以全部按照成年人的尺寸来选择；空间足够的情况下，为孩子准备一个书柜更有助于学习。

收纳区：褪去低龄化设计，既要划分好房间的功能分区，为孩子提供更多的学习和娱乐空间，又要考虑到年龄跨度和性别问题，还要注意增加收纳设计，最大限度减少空间浪费。

任务拓展

老年房的整理收纳

在家庭中，老人是需要家庭成员照顾的对象。有的家庭空间比较大，老人房作为一个独立空间存在，而有的家庭没有为老人单独设计房间。

不管是否单独设计房间，老人居住的卧室在整理收纳时都遵循一般卧室的收纳原则。但考虑到老人的特殊性，整理收纳的时候还需要注意以下四点。

一、空间规划安全化

老年人身体衰老、体质较弱、身体也不够灵活，各方面都要充分考虑安全性。家具布局要合理，生活动线笔直不曲折，尽量留下较大的空间给老人活动，减少老年人行动上的不便；家具尽量无桌腿设计，降低绊倒跌伤概率；房间布局中没有突出的尖角等危险因素，保证老人在室内安全活动；高度上考虑老年人行走时需要借助外力的特征，将家具高度设计在适合手扶范围内，方便老年人行走。

二、物品分类个性化

虽然大多数老年人受勤俭节约习惯的影响，喜欢囤积物品，但每个老年人的喜好和生活习惯都不尽相同，所以在整理收纳的时候，一定按照老人特点，根据日常使用频率对物品进行分类。一般常用物品可以分为衣物类、兴趣爱好类（例如书法用品、体育健身用品、休闲娱乐用品等）、身体需要类（拐杖、轮椅、药品、医疗器械等）。不常用的物品可分为反季节类、囤积类。在收纳整理过程中，最好能征得老人同意，将一些年头太久、物品太旧、没有实用价值的囤积物品舍弃。

三、功能划分人性化

老年人在行为、生理、心理上的需求跟年轻人不同，收纳的功能分区要考虑到老人的生活习惯以及身体状况。尽量选择大容量的衣橱，合理划分内部空间，满足有"收藏癖"的老年人使用。宜采用灵活调整高度分隔的方式，因为老年人无法拿到较高或较低处物品，因而把常用区集中在适合的高度。设计上要充分考虑老年人弯腰、下蹲的困扰，尽量减少最底部空间的使用频率，也可用拉篮、抽屉代替，使用更加顺手，方便拿取和整理。

四、收纳用品美观化

每位老年人经历岁月的洗礼，年深日久都形成自己独特的审美。一般老年人性格沉稳，喜欢安静、柔和、整洁的居住环境，所以在为老年人选择收纳工具时，除了方便、实用，色彩选择应大方、不张扬，容易区分。

任务评价

学生自我评价见表2-1-3，参考评价标准见表2-1-4。

表2-1-3　学生自我评价

任务项目	内容	分值	评分要求	评价结果
根据儿童房空间规划原则，为儿童房合理分区				
根据儿童的年龄特点，优化收纳空间				

表2-1-4　参考评价标准

项目	评价标准
知识掌握 （30分）	要求回答熟练、全面、正确： 说出儿童房空间规划原则（15分） 说出儿童房的收纳分类（15分）
操作能力 （40分）	要求判断正确、到位，方案合理： 能正确为儿童房做空间规划（10分） 能用最简单方案对儿童房衣橱设计进行改造（10分） 能选择合适的收纳工具收纳玩具（10分） 能正确针对不同年龄段的儿童优化收纳空间（10分）

续表

项目	评价标准
人文素养 （30分）	以认真负责的态度为客户提供优质服务（10分） 具有严谨认真的工作态度和安全防护意识（10分） 奉献精神，全心全意为客户考虑（10分）
总分	

同步测试

多选题

1. 儿童房的空间规划原则是（　　）。

   A. 成长性原则　　　　　　　　　　B. 空间合理利用原则

   C. 尊重生活动线原则　　　　　　　D. 伸手可及处原则

2. 合理规划儿童房的使用空间，可以将儿童房分为（　　）。

   A. 睡眠区　　　　B. 收纳区　　　　C. 学习区　　　　D. 活动区

3. 书架净深度建议值约（　　）。

   A. 250 mm　　　　B. 300 mm　　　　C. 不超过350 mm　　D. 400 mm

4. 针对儿童成长不同阶段的需求，在收纳整理时需要有所侧重，选择下列说法中正确的是（　　）。

   A. 3～6岁阶段是孩子成长的关键期，儿童房的"角色"主要是"游戏房＋阅读角"

   B. 6～9岁年龄段的孩子逐渐进入学习阶段，儿童房的"角色"要转变成"书房＋卧室"的模式，培养孩子专注学习的能力是这个阶段的关键

   C. 9岁以上的阶段，培养孩子的自主学习能力和自理能力是重点，空间配置上，一张舒适的床、一个独立的学习区和收纳区必不可少

   D. 进入青少年阶段，儿童房的布局设计基本可以稳定下来。尊重孩子独立性、私密性、个性化的需求，让孩子参与到设计中是最好的选择

答案

任务三
餐厨空间规划与整理收纳

餐厨空间规划与整理收纳

> **任务描述**
>
> 小李爱热闹，喜欢约朋友来家吃饭。他家厨房总是乱糟糟的，这次过完生日，厨房更是一片狼藉，因此，小李决定请整理收纳师对厨房进行重新打造。
>
> 工作任务：请帮小李对厨房及冰箱空间进行整理收纳。

任务分析

对厨房内部污垢及冰箱内部采用规范的方法进行清理，使厨房内部干净整齐；合理布局厨房及冰箱内外部空间，将不同物品分别放置于便于拿取的位置；选择合适的收纳工具，节省收纳空间。

任务重点：厨房及冰箱污垢的处理，收纳工具的使用。

任务难点：合理布局收纳空间。

相关知识

一、厨房的布局

厨房功能区主要有储物区、清洗区、操作区、烹饪区等。从功能上看，清洗区主要用于清洗主食、果蔬、餐具、锅碗瓢盆等；操作区主要将洗好的果蔬主食切配，做加工前准备；烹饪区主要烹饪准备好的食材；储物区主要用于存放食材（米、面、油、蔬菜、水果等）以及烹饪过程中需要的工具和餐具等。

从空间上看，清洗区、操作区、烹饪区一般位于中层；储物区一般在厨房的高层和底层，高层可利用墙面做一些吊柜，建议柜底高度 1550~1600 mm，深度 350~400 mm，内部储物可用轻巧透明的组合式收纳盒；还可以安装搁架或者挂钩，放一些

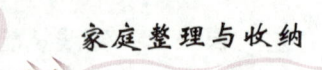

厨房用具；底层厨柜建议使用推拉抽屉，可避免更多的弯腰操作。

根据厨房面积和住房建筑设计，常见厨房布局有以下几种形式：

（一）L 形厨房

L 形厨房布局是最常见的布局设计，一般是长方形，宽度通常在 1.4~1.6 m。布局一般是把水槽和灶台放在两端，中间留空的地方作为操作台，活动范围聚集在一个三角区里，以便更好地利用空间，并且其动线操作分明合理，分为清洗区、料理区、烹饪区，"洗、切、煮、盛"一气呵成（见图 2-1-16）。L 形厨房的末端可以放置冰箱，方便使用。

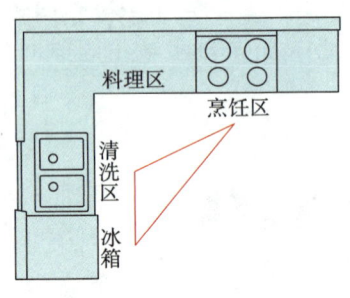

图 2-1-16　L 型厨房

（二）U 形厨房

U 形厨房适合厨房面积小的户型，从外观上看就是一个工整的"U"字，十分具有典型性。厨房主要的几个功能区，清洗水槽、工作台、炉灶、冰箱，一般沿着墙壁排列成 U 形，合理的动线设置是从右到左或从左到右：冰箱—操作台1—水槽（洗菜盆）—操作台2—燃气灶—置放区。U 字形两侧橱柜的净距离以 120~150 cm 为宜，方便活动和操作。一般 U 形厨房的橱柜多，因此可以把洗碗机、消毒柜等家电设计到橱柜空间之中，冰箱可以用内嵌式的，如果厨房够大，还可以设计双水槽。

（三）开放型厨房

开放型厨房最大的优点就是将餐厅、厨房连成一体，这样可以同时满足烹饪、就餐等多种需求。对于小户型厨房来说，开放式的空间利用率大，能很好地实现小户型扩容效果，让厨房看起来开阔明朗。开放式厨房能够最大限度地利用室内空间，如利用墙面做一些吊柜，还可以安装搁架或者挂钩，放一些厨房用具。

（四）一字型厨房

一字型厨房橱柜的体积虽然比较小，但"五脏俱全"，不仅布局看上去大方简洁，而且厨房的基本需求都可以满足，例如灶具、料理台、水槽等都是一应俱全。它可以分为料理区和储藏区。料理区的设计是水槽在中间，炉灶在水槽的一侧，而储藏区中的重要部分冰箱，则可以放置在水槽的另一侧。其实这样的设计不仅适合单人，还适合多人一起在厨房里面工作，因为三点为一条直线这个科学定理，可以使一字型厨房的使用非常便利。

> **学习拓展**

《住宅设计规范》（GB 50096—2012）要求厨房应设置洗涤池、案台、炉灶及排油烟机等设施或为其预留位置，才能保证住户正常炊事功能要求。2020年版国家标准《城镇燃气设计规范》规定，设有直排式燃具的室内容积热负荷指标超过 0.207 kW/m³ 时，必须设置有效的排气装置，一个双眼灶的热负荷为 8～9 kW，厨房体积小于 39 m³ 时，体积热负荷就超过 0.207 kW/m³。一般住宅厨房的体积均达不到 39 m³（约大于 16 m²），因此均必须设置排油烟机等机械排气装置。

单排布置设备的厨房净宽不应小于 1.50 m，双排布置设备的厨房其两排设备之间的净距不应小于 0.90 m。

单排布置的厨房，其操作台最小宽度为 0.50 m，考虑操作人下蹲打开柜门、抽屉所需的空间或另一人从操作人身后通过的极限距离，要求最小净宽为 1.50 m。双排布置设备的厨房，两排设备之间的距离按人体活动尺度要求，不应小于 0.90 m。

二、厨房清洁

厨房应经常开窗通风，厨房清洁包括厨房墙面、地面和窗户的清洁，以及厨房内部橱柜、餐具等物品的清洁。

（一）厨房地面的清洁

厨房地面的清洁可采用地板清洁剂，将地板清洁剂喷洒在有污渍的地方，油渍严重的地方可多喷些，用湿拖把对地面进行清洁，或者在油污处滴上洗洁精，再用拖把或抹布擦拭，然后用清水洗净。如果地面上有小面积的污迹可用布蘸点儿碱水擦拭；如果地面油污较多，可以在拖把上倒一些醋再用它拖地，便可将地面擦得很干净。水泥地面上的油污很难去除，可以取些干草木灰用水调成糊状，铺在水泥地面的油污处停留一晚，第二天再用清水将草木灰反复冲洗干净，水泥地面便可焕然一新。

（二）厨房墙面的清洁

每次烹饪结束后，要用抹布擦拭厨房墙面，煤气灶边上的墙面可先用少许洗洁精擦拭，再用湿抹布擦净，若油污较重，可用厨房油污净清洗。清洗墙面时，可在盆中倒入开水、醋和洗洁精，把它们搅拌均匀。把抹布在混合液中浸湿，拧至半干。把抹布上的混合液涂抹在瓷砖油污上，让混合液在油污上闷一小会儿，然后再擦拭清洗，污渍很容易清洗干净。墙面的接缝处也要擦洗干净，以免影响厨房的整体美观。

厨房专用去污湿巾可有效去除墙面或灶台周围的油污，使用简单方便。

（三）厨房用具的清洁

餐具洗涤要遵循一定的原则，先洗不带油的后洗带油的，先洗小件后洗大件，先洗碗筷后洗锅盆，边洗边码放。另外要注意儿童、病人使用的餐具和其他家庭成员使用的餐具分开洗涤。此外，不锈钢炊具、台面禁止用百洁布、钢丝球擦拭，以免刮花表面。

不同材质的餐具采用不同的洗涤方法。陶瓷餐具一般用热水洗涤，油腻餐具用淘米水或洗洁精清洗；不锈钢餐具用软布清洗，洗后要擦干，不能留有水；砂锅用淘米水浸泡、加热，刷净即可；铜锅油垢用柠檬皮蘸盐擦拭即可；筷子最好用热水泡过后再用少许洗洁精清洗，并在流水下冲洗干净。餐具洗涤干净后可使用消毒碗柜消毒，或使用煮沸消毒法。

> **学习拓展**
>
> **餐具煮沸消毒法**
>
> 1. 将水杯、饭碗、盘、筷等餐具彻底清洗干净，可用洗洁精去污。
> 2. 将所有物品全部浸在水中，一般物品放置量不超过煮锅容量的 3/4，水面高于物品 3 cm，煮沸 10～15 min。
>
> 注意：大小相同的碗、盘不能重叠放置；玻璃类物品用纱布包裹，在冷水或温水时放入；橡胶类物品用纱布包好，待水沸后放入，3～5 min 取出。
>
> 3. 将餐具取出，晾干备用。
> 4. 煮锅刷洗干净。

（四）灶台的清理

灶台包括抽油烟机、燃气灶、水龙头、操作台等。水池过滤网特别容易积垢，可以用软布蘸些去污粉擦洗；水龙头和水槽转角等较难清理的地方，可以用旧牙刷蘸适量去污粉刷洗，再用水冲洗干净；对于燃气灶、煤气灶锅架、灶台边上的油污，可先将厨房油污净喷湿厨房用纸，覆盖在上面，等待几分钟后再擦洗干净；灶台瓷砖缝隙等较难清洗的地方，可用旧牙刷蘸取少许洗洁精，刷洗干净。

三、厨房用品的保养

（一）餐具的保养

经常擦洗，保持厨具干燥，这样就能保证厨具的干净。特别是存放过醋、酱油等调味品之后要及时清洗，保持厨具干燥，这样厨具才不会被腐蚀出现瑕疵，才能保持美丽的外观。在日常使用中，每次清洗餐具的时候，最好用热水或者洗洁精将里面的油腻物质清洁干净，然后再用清水多清洗几遍，再将其放到厨房的消毒柜内进行进一步的消毒处理。此外，不能使用强碱性或强氧化性的小苏打、漂白粉等进行清洗。因为这些物质会与不锈钢产生化学反应，从而使餐具生锈。餐具生锈不仅影响其美观，也会减少其使用寿命。不锈钢厨具清洗以后，外表的水要擦拭干净，否则在加热的时候，燃烧产生的二氧化硫和三氧化硫遇水后会产生亚硫酸和硫酸，这会影响器皿的使用寿命。

对于刚买回来的餐具，最好用盐水将其浸泡一番，这样做的目的是延长其使用寿命，而且在日后使用中不容易破碎。陶瓷餐具要轻拿轻放，陶瓷是易碎品，如果放下的力度比较大，那么就会导致盘底粗糙，久而久之就会磨损餐盘表面。所以，最好在餐具之间放入一张纸巾，这样就能很好地保护餐具。

（二）食材的保存方法

不同的食材采用的储存方式不一致，我们可以根据以下方式进行储存。

（1）根茎类的食材，包括土豆、地瓜、南瓜、冬瓜、洋葱、山药等，适合放在阴凉干燥的室内。像土豆这类发芽不可以食用的食材，可以在袋子中放一个苹果来抑制其发芽；茄子在冰箱环境内容易内部变质，所以不建议存放在冰箱里；黄瓜和青椒可以短时间放于冰箱内，但不可接触冰箱壁，否则容易发生腐烂。

（2）叶菜类存放一定要注意不可以切完再存放，不能带着水分放，不能低于0°以下储存。吃不完的菜叶放进储存室的时候，应先把菜晾一下，待叶片上没有水分以后再放袋子里储存，袋子不要扎口。买蔬菜最好买两天内能吃完的量，这样既新鲜又健康，也不会浪费。

（3）菌菇类食材数量太多的话，可以将其清理干净以后进行晾晒，风干以后收起来能放很久。也可以清理干净装进保鲜袋中，冷藏储存，能放5天左右。

除了使用保鲜袋，也可使用保鲜膜、密封罐、厨房纸。大部分食材进冰箱都需要用保鲜膜包一下，除了隔绝空气，还能防止食材水分流失，最重要的是防止串味。

（三）调味品的保存方法

酱类要放冰箱。辣椒酱、豆瓣酱、大豆酱、面酱等酱类调味料一般含水分60%左右，包装后一般经过灭菌，如要保存较长时间，应将盖旋紧密闭后存放。新鲜调料要现买现吃。葱、姜、蒜俗称"香辛料小三类"，属于新鲜蔬菜，如果需要一次性购买很多，可按照新鲜蔬菜的保藏方法保存，如用塑料袋将葱、姜、蒜包起来。调味粉要干燥密封。十三香、五香粉、花椒粉、胡椒粉等都属于香辛料加工品，都由植物的茎、根、果实、叶等加工而成，有强烈的辛辣或芳香味，并含有大量的挥发油类，很容易生霉，

因此，在保存调味粉时，应将装调味粉的瓶子盖拧紧或将袋口密封，注意干燥密闭保存以防潮防霉。调味粉放置不当容易受潮，但稍有受潮并不影响食用；不过，最好购买小包装的，尽快用完。干货调料应远离灶台，花椒、大料、香叶、干辣椒这类干货调料也应防潮防霉。水分越多、温度越高，越易霉变，而厨房灶台处正是"危险地带"，因此这类调味料最好不要放在灶台附近，可干燥密闭保存，在需要的时候再拿出来。另外，在使用这类调味料前，最好能用清水冲洗一下，霉变的则不宜食用。

四、厨房用品的收纳

（一）收纳遵循的原则

藏露有序：按照使用习惯及物品特性分类存放，有藏有露。

就需就近：将同类功能或者搭配使用的物品摆放到一起。

总量限定：恰当使用收纳工具，提醒使用者有进有出，限定物品的数量。

上轻下重：吊柜承重有限且拿取不便，应放相对轻便的物品；地柜可以放置一些有一定重量的物品。

（二）餐具的收纳

收纳餐具时，一定要注意是否易于取用。首先，将餐具按照使用频率进行分类，可分成常用、宴客与特定料理专用等。日常使用的餐具应放在腰到胸部视线可看到的高度，或者放置在吊柜的底层或家庭消毒柜或碗筷拉篮中。其次，要注意餐具的摆放方法。相同大小的餐具叠放在一起，便于拿取。宽口碗可以碗口上下交错摆放，这样更能有效利用空间。根据餐具柜的高度，垂直排列同一种餐具，横向摆放不同的餐具，使用起来更加得心应手。最后，在使用中根据使用习惯随时调整。

（三）橱柜的收纳

上柜放置较轻的物品。吊柜收纳空间其实很大，但由于吊柜承重力有限，厨房里所有比较轻的物品可以全部放在吊柜里。另外，上柜由于高度太高，拿取东西不方便，可以尽量放一些平时用的频率较少的物品。或者直接在吊柜内部安装吊柜升降式拉篮，拿取方便又轻松。

下柜放置重物。地柜的收纳空间和承重力比较强，厨房的碗碟、锅具这些比较大和重的物品适合放在地柜中。拉篮设计很有必要，用来放调料瓶和碗筷非常方便，整洁又安全。

(四）墙面的收纳

墙面收纳一般指的是墙面中部收纳，可以将勺子、锅铲等物品统一挂在吊柜和地柜中间位置，既不占用台面空间，烹饪时拿取也很方便，视觉上也更整洁有序。经常使用的厨房用品上面会有水残留，悬挂摆放也方便晾干。运用中段壁面加装挂钩或横向吊杆，可安排挂放大小不一的锅铲、汤瓢、纸巾、铝箔纸或保鲜膜，一字排开方便随手拿取。壁面吊杆的设计让收纳方面更为多元，可放置食谱、砧板、收纳罐、调味瓶等。食谱更易翻页，方便拿取。另外在厨具台面内侧加设 20 cm 深的储物格，可依需求组合放置小砧板、滤水盘架、调味料盒等。

（五）高危险性的刀具与用餐器具收纳

高危险性的刀具与用餐器具在收纳上更加需要注意安全，最好能将刀具收藏在刀架或者盒子内。使用成品刀架是常见的收纳做法，而且是成套的搭配，满足厨房不同刀具的放置，小巧不占台面位置，平时放角落，也不会有安全隐患。刀叉、筷子、汤勺等零碎的用餐器具，可以分类放置在抽屉的分格收纳盒内。进口厨具甚至会为名牌器具量身规划详细的收纳格，并用丝绒等软性材质制成，给予精致食器最佳的保护。

五、冰箱的清理与收纳

（一）冰箱的清理

（1）给冰箱做清洁前，先切断冰箱电源，将冰箱内的食物拿出。然后将冰箱冷藏室内的搁架、果蔬盒、瓶框取出，冷冻室内的抽屉依次抽出，冷冻的食物可以不取出来。

（2）用抹布蘸上混有洗洁精的水擦洗附件，清洗完毕以后，用抹布擦干，或者放在通风干爽的地方，让它自然风干。在冰箱底下垫些毛巾，让冷冻室自然化霜，让化霜的水流到毛巾上以免弄湿地板。

（3）之后对冰箱外壳和门体进行清理。用微湿柔软的布擦拭冰箱的外壳和拉手，如果有些地方油渍比较多，可以蘸点洗洁精擦洗，效果更好。软布蘸上清水或洗洁精，轻轻擦洗冷藏内胆，然后蘸清水将洗洁精拭去。清洁冰箱的"开关""照明灯"和"温控器"等设施时，用干布进行擦拭。冷冻室内的冰融化后用毛巾擦拭干净，切忌用尖锐的物品来铲除冷冻蒸发器板上的冰，这样容易导致冰箱故障。清洗完毕后将门敞开，让冰箱自然风干。

（4）下一步是清理冰箱门胆。冰箱门封都是可拆卸的，用 1∶1 醋水擦拭密封条，可起到消毒的效果。之后用软毛刷清理冰箱背面的通风栅，用干燥的软布或毛巾擦拭

干净。

（5）清洁完毕，插上电源，检查温度控制器是否设定在正确位置。冰箱运行1小时左右，检查冰箱内温度是否下降，然后将食物放进冰箱。

（二）冰箱的收纳

（1）首先根据以上清洁冰箱方法，对冰箱内部进行清理，并把取出来的食物进行取舍，过期、腐烂或不想继续保留的食物需要丢弃。

（2）对物品进行分类并按照区域摆放。如550 L大容量双开门冰箱可分为冷藏区、果蔬区、海鲜区、速冻区。

冷藏区上层可以放一些甜品、奶制品等食物，也可将剩饭剩菜覆盖上保鲜膜或放于保鲜盒中进行放置，保证食物的口感；中层可放置刚买的肉类和鸡蛋，肉类放置时间不宜过长，鸡蛋可用鸡蛋专用收纳工具放置；冷藏肉不用清洗，带盒直接放在冷藏区下层。下层也可放置蔬菜和水果，蔬菜和水果可分别放置不同的抽屉中（见图2－1－17）。

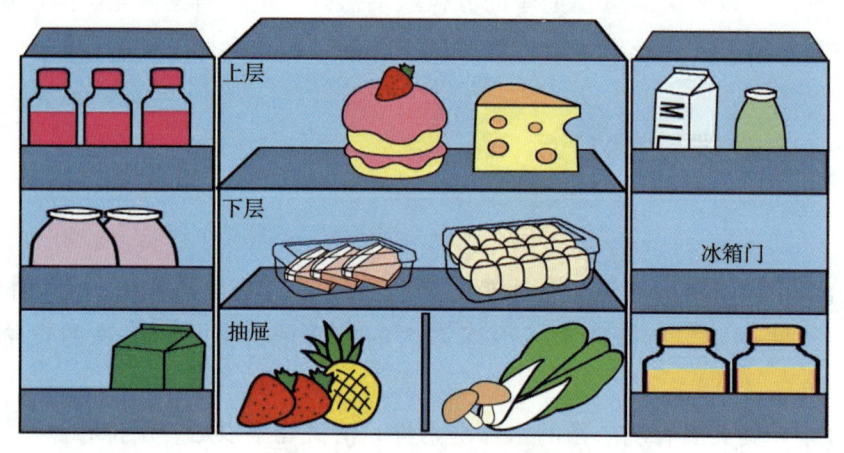

图2－1－17 冰箱冷藏区收纳

速冻区的上层可放置一些冰激凌、雪糕等容易拿取的食品；中层可放置一些速冻食品，包括水饺、汤圆、蒸包、桂花糕、馅饼等食物；下层可放置一些肉类、鱼类，这里肉类放置时间比冷藏区肉类放置时间要长。冷冻后的食物在解冻后建议立刻吃掉，千万不要解冻以后再反复冷冻，这样不但不卫生还会流失肉类的营养，影响口感。

果蔬区可以用来放置水果和蔬菜，水果和蔬菜建议先清洗干净、甩干水分，用清洁的保鲜袋装好或用保鲜膜封好再放进冰箱保存。水分较多的果蔬，如西红柿、黄瓜等，最好保存在冷藏室的抽屉中，但不宜久存。白菜、菠菜、芹菜、胡萝卜、桃、葡萄、苹果等果蔬刚买回来时，最好不要立即放入冰箱，因为低温会抑制果蔬的酵素活动，从而使残毒无法分解,最好在室温下存放一天后再放入冰箱。果蔬区的上层可放切开的西瓜,西瓜表面需要用保鲜膜进行包裹,也可放置茎叶类蔬菜;中层可放置绿叶类青菜,比如白菜、油菜等;下层可以在不同的抽屉中放置一些小型水果,保存时间较长的水果和较短的水果可分别放置。

海鲜区专门用于放置海鲜类食物。可将鲜鱼、鲜虾放置在海鲜区,但放入冰箱海鲜区前,要对鱼、虾等做些处理,洗净之后,用保鲜袋包装,这样可以避免海鲜的腥味扩散。而买来的冻鱼可以直接放入速冻室储存,不过还是要注意,冻鱼解冻之后,就不适宜再长期放入冰箱储藏。海鲜区与其他区域分开,很好地避免了海鲜腥味的扩散,能够保持食物较好的口感。

(3) 使用不同的收纳工具收纳。用保鲜盒和密封袋来储存食物不仅可以保鲜,还能够减少与其他食材的接触,避免食物变质。保鲜盒和密封袋的合理摆放使得空间利用最大化,在拿取食物的时候既快速又方便。保鲜盒和密封袋上可贴上标签,标签上可标记储存日期和食物名称,会让人一目了然。

任务实施

1. 预约。小李厨房一片狼藉,要求迫切,约定上门诊断。
2. 预采。小李好客爱热闹,其厨房利用率高,对厨房剖析诊断。
3. 设计服务方案。
4. 签订服务合同。
5. 入户。整理收纳师戴口罩、戴手套、穿鞋套,带工具包以及方案中的收纳工具。

(1) 首先对小李厨房的地面、墙面、灶台及冰箱清洁消毒。
(2) 按设计方案合理规划改造,增加搁物架和挂钩,吊柜中增加透明收纳盒。
(3) 清空。将所有物品放置于一次性使用的四色地垫上。
(4) 分类。按属性和功能分类。
(5) 筛选。对过期、发霉食品进行处理,对不常用厨具、料理等进行规整。
(6) 收纳。按冰箱分区把食品分区放置,对厨具等物品按就需就近、藏露有序、上轻下重等规则分类收纳。
(7) 交付。在整理好的收纳盒上贴标签,向小李说明收纳原理,在 3 日内将物品清单交于小李。

任务评价

学生自我评价见表 2-1-5,参考评价标准见表 2-1-6。

表 2–1–5　学生自我评价

任务项目	内容	分值	评分要求	评价结果
厨房的布局				
厨房的清洁				
厨房用品的保养				
厨房用品的收纳				
冰箱的清理和收纳				

表 2–1–6　参考评价标准

项目	评价标准
知识掌握 （30 分）	要求回答熟练、全面、正确： 说出厨房收纳的原则（10 分） 说出餐具的收纳技巧（10 分） 说出食材的保养方法（10 分）
操作能力 （50 分）	要求判断正确、到位，方案合理： 能正确判断厨房用品放置的位置是否合适（10 分） 能用最简单方案对厨房空间设计改造（10 分） 能合理应用收纳工具收纳厨房物品（10 分） 能正确将食材进行分类并合理保存（10 分） 能正确清洗厨房用具并合理放置（10 分）
人文素养 （20 分）	以认真负责的态度为客户提供优质服务（5 分） 具有严谨认真的工作态度和安全防护意识（10 分） 奉献精神，全心全意为客户考虑（5 分）
总分	

同步测试

一、单选题

1. 下列哪些物品买来时，最好不要立即放入冰箱？（　　）

   A. 果蔬　　　　B. 冻鱼　　　　C. 雪糕　　　　D. 速冻水饺

2. 以下哪个原则不属于本章提到的收纳原则？（　　）

   A. 藏露有序的原则　　　　　　B. 就需就近的原则

   C. 保守秘密的原则　　　　　　D. 上轻下重的原则

3. 下列说法错误的是（　　）。

   A. 果蔬区的上层可放切开的西瓜，西瓜表面需要用保鲜膜进行包裹

B. 清洁冰箱的"开关""照明灯"和"温控器"等设施时，用湿布擦拭
C. 用保鲜盒和密封袋储存食物不仅可以保鲜，而且能够减少与其他食材的接触，避免食物的变质
D. 冻鱼解冻之后，就不适宜再长期放入冰箱储藏

二、简答题

1. 如何对冰箱进行清洁？
2. 如何对厨房墙面进行收纳？

任务四 客厅空间规划及整理收纳

任务描述

伴随着新生命的到来，李明家的"二人世界"也变成了"三代共居家庭"。家庭成员增加，物品也随之增多，尤其是宝宝的玩具、用品等堆放在客厅的各个角落，即使每天打理也很容易复乱。

工作任务：请帮助李明将客厅空间重新布局，将物品有序摆放并便于寻找。

任务分析

学会区分不同的客厅布局，根据布局合理设计功能区；对客厅物品和内部空间基础清理，根据物品功能合理摆放，选择合适的收纳工具，合理规划客厅空间。

任务重点：客厅污垢的处理，收纳工具的使用。

任务难点：合理布局客厅收纳空间。

家庭整理与收纳

相关知识

一、客厅功能规划

客厅是家庭生活的公共区域，不仅是接待亲戚朋友等来访的地方，也是很多家庭共同活动、喝茶聊天、沟通感情、休闲娱乐的场所。很多家庭把客厅装扮得美观大方、新颖别致，比如风格独特的电视背景墙、功能多样造型别致的茶几、有收纳功能的电视柜等。一般可用作客厅收纳的物品有电视柜、茶几、墙面、小型收纳工具等。

（一）以接待功能为主

客厅的空间规划多以待客需求为主，最常规的布置方式就是"沙发+茶几+电视柜"（见图2-1-18）。不同家庭根据客厅面积和爱好不同会有些许变化，沙发有三组、五组、拐角等，有些家庭也使用围合形的布局方式，多人沙发靠墙摆放，增加单人沙发放一侧，中间放置一张茶几，简单好搭配。茶几有方形、圆形等不同选择。在电视柜的选择上，建议配置墙面吊柜+地柜的组合，满足客厅80%的收纳，转移收纳重点，解放茶几空间。沙发的深度以85～95 cm为宜，如果沙发靠窗，或者阻挡路线出入口，则不适合选择L形沙发。沙发到电视柜的距离，最好在250 cm以上。

图 2-1-18　以接待功能为主的客厅

（二）以休闲办公功能为主

客厅的空间若以休闲办公功能为主，可采用"客厅+书柜+办公区"的空间配置（见图2-1-19）。这种配置适合于小户型无法拥有独立书房的情况。作为家里采光较好、尺寸较为方正的空间，独立书桌和矮柜的搭配，可满足客厅学习、办公的需求。读书角的空间可安置在沙发和墙面的中间，或者客厅一侧靠窗的位置。而开放式的收纳架，集展示与书籍收纳于一体，性价比较高。也可将沙发对面电视柜的位置打造成书柜，利用墙面空间放置书籍，书柜建议做成开放式，不加柜门，方便书籍拿取。

图 2-1-19　以休闲办公功能为主的客厅

（三）以观影功能为主

客厅的空间若以观影功能为主，可采用"投影幕布+沙发+休闲椅"的空间配置（见图 2-1-20）。休闲椅旁边或者对面再放上一个轻盈的边几，地下铺一张柔软的地毯，给人一种舒适观影的感觉；喜欢大屏幕的观影效果可以使用大屏幕的屏幕投影；如果客厅与餐厅之间相邻，也可以使用可旋转的电视支架摆放电视机，客餐空间都可以满足观影需求。笨重的茶几、电视以及电视背景墙等被一概取缔后，客厅便释放出了巨大的空间，还能够满足人们的娱乐需求。

图 2-1-20　以观影功能为主的客厅

（四）以儿童娱乐功能为主

以儿童娱乐功能为主的客厅，可以在沙发与电视墙中间的位置打造儿童娱乐区，如在地面放置大面积地毯，婴幼儿可放置围栏，以保障儿童的安全（见图2-1-21）。儿童天性爱玩，客厅开启儿童娱乐模式后，自然少不了各类丰富多彩的玩具，在这种情况下，可以放两组收纳柜。为了儿童的安全起见，家具一定要做好磨平处理。

图2-1-21 以儿童娱乐功能为主的客厅

二、客厅基础清理

确定好客厅基本空间布局之后，按照自上往下、自内向外的程序依次对客厅墙面、地面、电视柜、沙发等物品进行基础清洁。

第一步，除尘。首先，拉开窗帘，打开窗户，保持室内通风。用鸡毛掸子或除尘掸将客厅墙面进行清扫，除去墙面的灰尘。同时将沙发、茶几、电视柜、置物架、家用电器表面等用百洁布擦拭，擦拭小型家用电器时，一定要将电源关掉，并用干抹布擦拭，注意用电安全。

第二步，清理衣帽柜和鞋柜。先将衣帽或鞋拿出来，用掸子或干抹布从上到下清除衣帽柜内浮尘，用吸尘器从上到下吸除鞋柜内的尘土和沙粒。然后，用掸子或干抹布清除衣帽柜或鞋柜门表面的浮尘。

第三步，清理沙发及茶几。茶几的清洁，平时仅需用掸子拂尘即可。若遇到脏污时，则以清水或稀释的洗洁精处理。对于茶几上的顽固污渍，可用小苏打水和软布轻轻擦拭。茶几等家具摆放时应尽量远离窗户，以免被日晒、雨淋损坏家具，若有必要，需装窗帘或布幔。皮革沙发用柔软的干布擦拭灰尘，如沾染污迹，可先用干布蘸取少许皮革清洁剂涂于表面污迹处，然后再用潮湿的软布擦拭。

第四步，整理。将客厅内物品归置整齐，也可将物品拿出放在集中的位置，之后进行整体收纳，长期不使用的物品进行丢弃，纸团、垃圾等丢进垃圾袋中。

第五步，清理地面。首先将地面的垃圾、灰尘清扫干净，然后按照不同材质地面的清洁要求进行清洁。实木地板可先用吸尘器除去表面灰尘，然后用干抹布或者拧干的拖把擦拭；大理石、花岗岩、地砖、水磨石地板的清洁，可用软笤帚清扫灰尘及垃圾，然后用半干的拖把拖洗，拖洗时要注意将地面的水擦干，以防滑倒。如有污垢或油污，可先用地砖清洗剂或洗洁精清洁，再用上述方法清洁干净。现代家庭所使用的蒸汽拖布及洗地机也是不错的地面清洁工具。

第六步，对客厅空间进行检查，去除顽固污渍，全部清理完之后，将垃圾倒掉，并关闭门窗。

三、客厅收纳家具的挑选原则及物品摆放

（一）电视柜的挑选

可选用抽屉型电视柜分门别类地整理文件和生活用品。一般抽屉的设计都很科学，还防潮防水，收纳能力整体较高。回字形电视柜能将整个电视墙面包围，充分利用墙面空间，尤其适合小户型的装修，回字形电视柜还能搭配抽屉式电视柜使用，既能加大储物空间的利用，总体上看还很美观。L形电视柜可让储物的分类更加细致，特别是"玻璃门板＋悬空式"设计，在视觉上也会给人一种轻盈简约的舒适感；组合型电视柜可以将置物架和柜体搭配设计，这样的落地柜设计，不仅加大了日常的储存空间，还美观好看，颜色选择上最好选用浅色系的搭配，这样能提升空间的明亮度。

（二）茶几的挑选

在挑选茶几的时候，需要确定它的功能属性，是用来装饰、喝茶、还是储物。如果是用于储物，建议选择带有抽屉、置物隔板、多功能的茶几，这样才能在装饰客厅的时候，减少收纳负担。以长茶几为例，小型尺寸一般选择长 60～75 cm、宽 45～60 cm 较好，长度尽量不要超过沙发。建议茶几与沙发之间间隔 40 cm 左右，茶几与电视柜距离约 1 m，这样才能在做好收纳的情况下保证合理的生活动线。

（三）物品的收纳

挑选好收纳家具之后，可以根据收纳家具的属性，对客厅的电器及配件、日用品、其他用品等进行分类和摆放。电器配件，比如扫地机器人、洗地机、加湿器这类的大件物品如果不常用，可以收纳到杂物间或者角落里摆放。充电线、机顶盒、遥控器等小物品，则可以对应电视柜和茶几存放。纸巾、杯子这类物件可以收纳在茶几上，零食则可

以利用零食收纳盒收纳。杯子等用品需要放在方便拿取的位置，同时记得随时归位，切忌乱拿乱放。也可在客厅放置一些绿植、装饰品等美化收纳空间。

四、合理使用收纳技巧和收纳工具

（一）收纳板

目前经常使用的是洞洞板，洞洞板可以有效收纳各种琐碎物件，搭配小木板和挂钩，还能做成自己需要的样子，美观又实用。如果不喜欢大面积的柜子设计，也可以选择在墙上装隔板，收纳各种小物件，简单实用，还能提升客厅颜值。

（二）置物架

置物架的类型很多，按材质分有铁艺置物架、木质置物架，按形状分有单层置物架和多层置物架，在客厅中适当添加置物架可以起到空间扩容的作用。

如果户型较大，可采用"大户型＋矮书柜（木质置物架）"的空间搭配。如果客厅比较宽敞，可以将沙发适当前移，放上一排矮书柜，既美观又方便拿取阅读；或将沙发两侧搭配扶手桌，放置水杯、遥控器等物品，触手可及，方便拿取。

（三）收纳箱及可视标签

客厅属于家庭公共区域，空间开放且较为宽敞，但是客厅物品种类较多，若不加以合理收纳会显得分散杂乱。在客厅整理收纳时，可事先做好空间规划和物品分类，使用合适的整理收纳箱，并粘贴可视化标签。比如药品可以放置在孩子够不到的电视柜上方，用透明收纳箱收纳并贴上标签。同时，可以利用专用收纳盒，比如说插线板收纳盒可将客厅插排收纳其中，变得安全整洁。

任务实施

1. 预约。约定上门诊断。
2. 预采。对李明家庭空间诊断。
3. 设计服务方案。
4. 签订服务合同。
5. 入户。收纳师戴口罩、戴手套、穿鞋套，带工具包以及方案中的收纳工具。

（1）对客厅内部进行基础清洁和整理。

（2）根据李明家庭需求，按设计方案合理规划客厅，打造儿童活动区域，购置儿童活动书架和玩具收纳筐。

（3）分类。按属性和功能分类收纳整理放置。

（4）交付。向李明说明收纳原理，在3日内将物品清单交于李明。

任务评价

学生自我评价见表2-1-7，参考评价标准见表2-1-8。

表2-1-7　学生自我评价

任务项目	内容	分值	评分要求	评价结果
合理规划客厅区域及功能				
客厅的清洁				
客厅收纳家具的挑选原则及物品摆放				
合理使用收纳技巧和收纳工具				

表2-1-8　参考评价标准

项目	评价标准
知识掌握 （30分）	要求回答熟练、全面、正确： 说出客厅清理的步骤（10分） 说出电视柜的种类（10分） 说出几种经常使用的收纳工具（10分）
操作能力 （50分）	要求判断正确、到位，方案合理： 能根据客户需求合理设计客厅空间（10分） 能将客厅物品进行合理分类（10分） 能正确选择收纳工具（10分） 能将不同物品放在适宜的位置（10分） 能简单清理客厅（10分）
人文素养 （20分）	以认真负责的态度为客户提供优质客厅收纳服务（5分） 具有严谨认真的工作态度和安全防护意识（10分） 奉献精神，全心全意为客户考虑（5分）
总分	

同步测试

一、单选题

1. 以长茶几为例，挑选的原则不包括（　　）。

A. 小型尺寸一般长为60~75 cm较好

家庭整理与收纳

B. 小型尺寸一般宽为 45~60 cm 较好

C. 长度尽量不要超过沙发

D. 长度尽量要超过沙发

2. 客厅基础清理的第二步是（　　）。

A. 除尘　　　　　　　　　　B. 地面清理

C. 清理衣帽柜和鞋柜　　　　D. 清理沙发和茶几

3. 以接待为主的客厅，主要布局方式为（　　）。

A. 沙发＋茶几＋电视　　　　B. 客厅＋书柜＋办公区

C. 投影幕布＋沙发＋休闲椅　D. 沙发＋儿童游玩区＋观影区

二、简答题

1. 客厅基础清理的步骤有哪些？
2. 洞洞板的特点是什么？

答案

家庭空间规划——书房

任务五　书房空间规划及整理收纳

任务描述

小米最近在策划一个很重要的文案，查找资料时怎么都找不到相关的那本书，瞬间一切思路被打乱，看着凌乱的书房陷入了沉思。

工作任务：你是不是也遇到过这种情况？如何合理设计和布局书房和书柜？

任务分析

要合理设计和布局书房和书柜，就要了解家庭书房基本结构组织形式，常见书柜及书籍的相关尺寸，能根据书柜特点合理选择收纳工具。

任务重点：一般家庭书柜分区及整理收纳。

任务难点：书柜设计改造。

> 相关知识

莎士比亚说"生活里没有书籍，就好像没有阳光，智慧里没有书籍，就好像鸟儿没有翅膀"，书不仅是装饰品，更是精神食粮。"藏书万卷，戏墨自娱，咫尺之内获千里之想"，这是对书房的评价。书房，不仅能呈现一个家庭的品位，也是家庭教育的场所，品质的升华地。如果说家是我们的精神寄托，书房则是我们心灵的归宿。尽管这是个电子化的时代，但书房作为安身、游心、栖神之地，依然被很多家庭偏爱。书房按其功能一般可分为工作型书房、藏书型书房、装饰型书房；根据装修风格大体分为中式书房、古典书房和现代书房；根据位置有独立型（封闭式）、开放型（在客厅或阳台等有一敞开的区域放置书柜和书桌等）、兼顾型（书柜和书桌在客房或卧室）。

一、书房空间设计

（一）独立型书房

有独立书房是一件非常幸福的事，书房的设计一般简单有质感，崇尚自然和谐、宁静雅致，体现主人对品质生活的孜孜追求。尽管不同家庭书房设计大多依据主人爱好和藏书的多少，但书房的装饰总体以简洁为主，这样的书房能让使用者在轻松愉悦的环境中学习、办公。除了必需的书柜、书桌、书椅（尽量配套购买颜色造型和谐的款式）以及摆件、装饰画，没有过多烦琐的设计，没有缤纷色彩的干扰，能让人在学习的过程中聚精会神（见图2-1-22）。

图2-1-22 书房

独立型书房可以定制置顶书柜，搭配宽大的同色系方桌，无论是看书还是在家处理工作都很实用。藏书型书房的书柜一般以"顶天立地"型居多，对于使用频率较低的藏书，最好采用有玻璃门或木门的书柜，防止积灰。如果藏书较多，可以紧靠三面墙壁放置三排书柜；家庭中一般以两面墙或一面墙放书柜的较多，空间大的有时会设计些格子放置物品，也使书柜看起来不那么单一，更加具有情调。书房设计时一定要注意通风，防止书籍返潮霉变。对于书桌来说，一般要靠窗，采光要好。有的主人喜欢品茶，书茶一体，称作书房型茶室，或茶室型书房。有朋来时，品茶聊天，亦为乐事。看书之余，一杯香茗，一卷诗书，临窗斜倚，在淡淡的茶香中享受书中韵味。读书是心灵的旅行，一杯茶香冲淡浮尘，品味人生如茶般的苦涩甘甜，有书房惬意如此，幸福至极。

（二）兼顾型书房

在很多家庭中，次卧或最小空间的房间设计成多功能房现在已经成为趋势。一个房间同时承载着休息、学习、工作、娱乐等多种用途。为了节省空间，人们常常把书柜做成悬挂式，或者嵌入有凹面的墙体里，也就是根据个人需要设计书柜格子，将其固定在一定高度的墙上或用层板做成悬空书架，不用背板，既简单又实用。如果房间可以放下书柜，多数家庭可能会选择独立式书柜，最简单的就是"单人床＋衣橱＋书柜书桌"一体化设计，简洁实用又有超强储物空间。次卧可以用L形转角书桌，这种书桌具有一定的储物和收纳功能，能扩充书房功能性，完善书房整体设计。如果在卧室里设置一块学习区，那么一张书桌、一把椅子，加一些墙上的收纳，足以成为一个不被打扰的空间。比如卧室阳台区、衣橱与飘窗之间，书桌临窗光线好，高度也位于定制柜的黄金分割点上，既符合人体办公舒适度又从视觉上给予空间一定延续感；或者设计在主卧的一边，最好有合适的壁柜隔开，形成相对独立的空间，利于学习和休息。

（三）开放型书房

很多家庭由于居住面积限制，不能拥有独立书房，那么可以在客厅、阳台，甚至走廊等自认为合适的地方做壁挂式书柜。壁挂式书柜没有固定样式和大小，可以根据自己需要及空间大小选择购买或自己设计，为书安家。可以在客厅、阳台或利用家里的任何一个区域打造学习工作区，比如客厅阳台采光充足，打造书房很普遍，在客厅旁设计开放式书房也很实用。

二、书房的构成要素

书房的主要构成要素包括书柜、工作台（书桌）、座椅、台灯、沙发、电脑、音响、绿植等，这些要素形成一个舒适、雅致的空间。

（一）书柜

书柜是书房中主要的构成要素，是最重要的藏书家具，一般和书桌、座椅在款式、造型细节和颜色方面要统一。一般来讲，书柜的风格决定着书房的风格。传统中式书柜要加上屏风、博古架等划分空间，若再加上中国字画和古玩点缀，会显得古朴典雅。无论现代风、古典风抑或是欧洲风，均与主人的爱好、格调相符。小空间的书房可以考虑壁挂式书架，大空间的独立书房，可以试试顶天立地式的大容量书柜，这会让整个空间更有安静、厚重之感，凸显文化氛围。

1. 书柜的样式

从造型上看书柜可以分为独立式书柜和壁挂式书柜两种。独立式书柜在一般家庭中最为常见，一般有藏有露，多数书柜的上部不做柜门或做玻璃柜门，可以清楚地看到书柜里的书籍；带柜门的书柜，更便于清洁、打理和收纳；开放式书柜，兼具收藏与展示功能。各种各样的壁挂式书柜，既有藏书功能又有非常好的装饰效果（见图 2 - 1 - 23）。壁挂式书柜实际上是一种安装在墙上的书架，有单层、多层，有层板样，有格子型，错落有致，款式多样，对位置、空间大小均无要求，拆卸方便，生气灵动，对小户型非常实用。

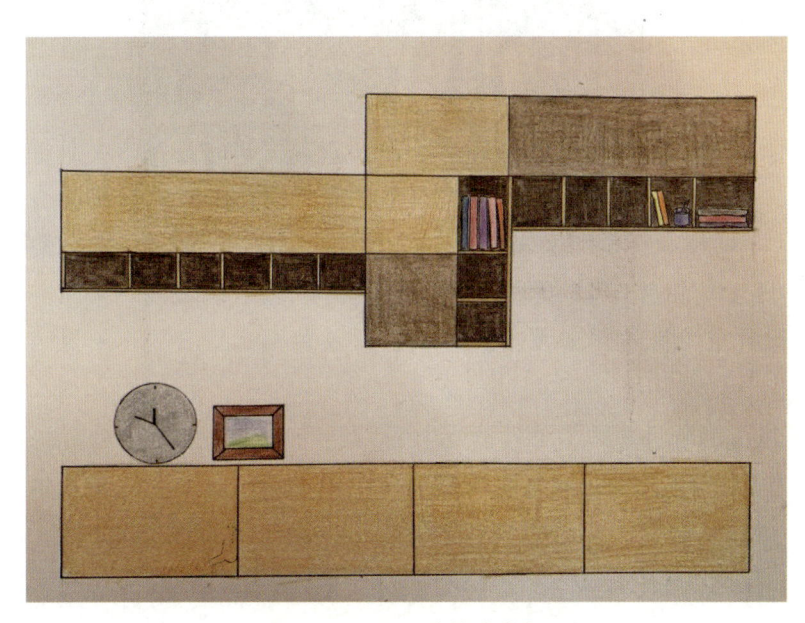

图 2 - 1 - 23　壁挂式书柜

2. 书柜的空间管理

（1）常见书柜尺寸。市场上常见的成品书柜深度一般 300~350 mm，最小在 280 mm 左右，书柜内部层板间距有 160 mm、320 mm、480 mm。如果层板高度一致，会出现矮书的上方空间浪费；如果深度过深，层板空白位置会放置杂物，书柜显得凌乱。因此，可以结合家中数量较多的书籍尺寸确定深度和高度专门定制，有些书柜也可以根据自家书籍情况调整层板高度。在定制书柜或购买书柜时选择可调整高度的层板，高度

300 mm 适合普通大小书籍，高度 350 mm 适合杂志、文件夹、A4 纸大小的书籍；通常情况下成人的书籍宽度为 250 mm 左右，因此书柜的深度符合这个尺寸不浪费空间。家庭中宝宝绘本、A4 纸、音乐类书籍、不常用的物品等可以放在书柜下方，层板高度可以调整。在柜子最下方可以选择用统一颜色和大小的收纳盒来放置不适合摆放在书柜上方的物品。书柜空间设计见图 2-1-24。

图 2-1-24　书柜空间设计

（2）常见书籍的大小（见表 2-1-9）

表 2-1-9　常见书籍的大小

类型	标准 CD	常见 16 开本，大开本书/普通杂志	常见 32 开本，小开本书/小册子	超大（>16）开本，铜板书/大杂志/画册
高度区间	126 mm	230～297 mm	175～230 mm	大于 297 mm
深度区间	142 mm	150～292 mm	110～175 mm	232～265 mm

（二）工作台

工作台的选择与主人的职业和爱好有关，有设计、绘画、书法等爱好的人或从业人员喜欢拥有一个比普通书桌更长更宽的长方形工作台。更多的家庭是电脑书桌一体化，部分家庭兼有配套的打印机、扫描仪等。传统的书桌已经不能满足现代人的需求，太长的书桌用起来不方便，所以便设计成"L"或"U"形的工作台（见图2-1-25）。

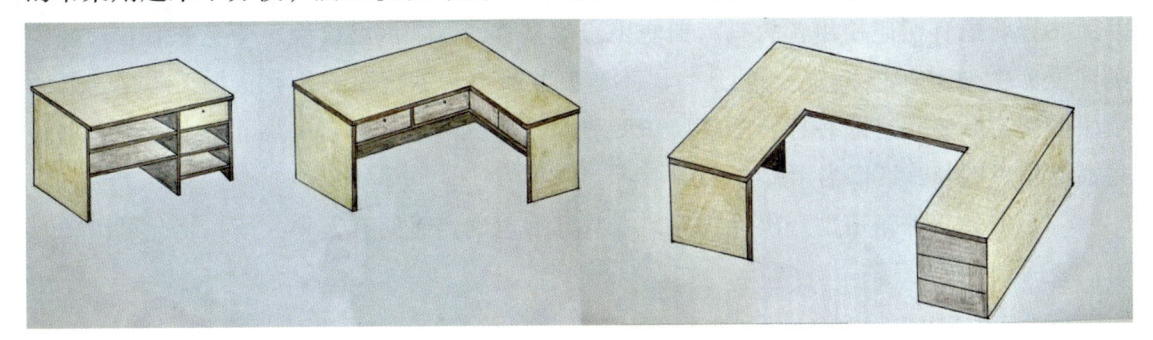

图2-1-25 各种类型的书桌

（三）其他

座椅选择转椅较好，不仅能满足"一""L""U"形书桌的要求，还能防止疲劳。台灯可选择白炽灯或双管荧光台灯，这种灯有一定保护视力的功能。沙发可满足会客和休息，也可以满足作为临时客房的需要。绿植可以增加空间美感，净化环境，陶冶心情。音响等可以让人们在学习工作间隙松弛神经，放松心情等。

三、书籍陈列收纳方法

（一）收纳流程

在收纳书籍时可采用整理收纳七步法：规划、清空、分类、筛选、改造、收纳、流转。

（1）规划：根据人体工学原理及使用频率可将书柜空间分为低频区、中频区和高频区。需要举高手或者借助登高工具的区域为低频区，低频区用来存放有收藏价值的书籍以及有纪念意义的摆件等；抬高手臂，指尖的位置到腰部的位置为高频区，高频区用来放置常用的书籍；腰部以下，每次拿取需要蹲下或弯腰的位置为中频区，中频区用来存放不常用的书籍及物品，可借用收纳箱，达到美观和实用的效果。

（2）清空：把书柜上所有物品清空，放置于地面或其他位置。然后对书柜的边角进行擦拭。

（3）分类：对所有书籍进行分类，如杂志类、商业类、文化类、育儿类、绘本类、文学类、艺术类、经管类、历史类、军事类、少儿书籍等，或者可以按照学科、用途、内容、特征等方法来进行分类。

（4）筛选：在分类好的书籍中找出不需要的书籍（儿童的过龄绘本、过期杂志等）。

（5）改造：根据数量较多的书籍尺寸来调整层板的高度，或者根据书籍的数量选择增加或者减少书柜大小，也可选择与其他类型功能相结合的柜体，比如是否需要与书桌"上、下"配合设置。

（6）收纳：按照使用者的身高和使用习惯来收纳，常用书籍放在伸手就能拿到的位置，绘本放在孩子能够触摸到的地方。书籍摆放时可将书籍按照从大到小、从高到低的顺序摆放，最重要的是书的平面在一个水平位置（针对前后深度不一的书籍）。为了防止书籍放置不稳，可以借用书立保持平衡。

（7）流转：书籍不是一次性物品，有些好书也确实需要有人来共读，因此可以转赠给需要的人。

（二）收纳工具的选择

1. 书立

书籍陈列时，为了防止书本放置不稳可借助书立；书籍在陈列摆放时，层板一侧还有空间，为拿取方便和防止书籍倒下，可以借助书立来控制。

2. 层板

根据书籍高度可增加或减少层板。书柜的层板高度是固定的，但是书籍的高度不统一，为保证视觉效果和空间不浪费，可以根据书籍高度来调整层板的高度，从而达到空间的合理化。

3. 带盖收纳箱

一些小物件，如果摆放在书柜层板上会显得很凌乱，或者一些不经常使用的物品需要收纳起来，就需要收纳箱。在选购收纳箱时，可以选择带盖子的，既美观又卫生。

（三）收纳中的注意事项

在摆放书籍前打扫书柜内部卫生；不该出现在书柜上的东西不要出现；选择使用收纳箱时，颜色、规格要统一。

四、书桌的收纳

书桌上有许多零零碎碎的物品，在不知不觉中空间被肆意侵占着，合理的功能划分可以为书桌"减压"。对书桌物品进行分类，将常用的物品放在随手拿取的地方，不常用的则可以放入抽屉或收纳盒中；利用好书架、收纳盒，将体积较大的书本放在书柜上，文具类尽量放入笔筒，文件类放入资料袋（资料袋贴标签或用透明的）。另外桌面放一小盆绿植，会让环境变得有生气。

任务实施

按照书房空间规划及整理收纳，根据小米书房的特点，进行书房收纳空间规划、书柜改造、购置收纳工具、资料重新摆放。

1. 书桌整理。近期需要的文件及资料放于桌面资料框内，用透明文件夹或者文件袋收纳，桌面零碎小物件及时清理，对于作废的纸张及时进行销毁处理。

2. 资料类型分类。按照小米的工作和生活习惯，家中常见的资料多为文件夹、资料袋、档案袋等。为方便拿取，可对资料按项目或者按时间分类，并将资料袋外表用颜色标签进行区分。

3. 书柜层板调整。根据资料高度调整书柜层板，层板调成 350 mm 的高度，拿取资料比较方便。

4. 掌握资料摆放的要求。资料摆放可以根据现阶段需求随时调整，摆放时考虑拿取和寻找便利，有标识的一面朝外。为防止资料来回倒，可使用书立。

任务评价

学生自我评价见表 2-1-10，参考评价标准见表 2-1-11。

表 2-1-10　学生自我评价

任务项目	内容	分值	评分要求	评价结果
收纳空间规划				
书柜改造				
收纳工具使用				
书籍摆放方法				

表 2-1-11　参考评价标准

项目	评价标准
知识掌握 （30 分）	要求回答熟练、全面、正确： 说出常见书柜的类型（15 分） 说出书柜收纳的方法（15 分）
操作能力 （50 分）	要求判断正确、到位，方案合理： 能正确判断书柜设计是否合适（10 分） 能用最简单的方案对书柜进行设计改造（10 分） 能合理应用收纳箱等辅助收纳物品（10 分） 能根据书柜大小陈列书籍（10 分） 能够使用正确的收纳工具（10 份）

续表

项目	评价标准
人文素养（20分）	以认真负责的态度为客户提供优质服务（5分） 具有严谨认真的工作态度和安全防护意识（10分） 奉献精神，全心全意为客户考虑（5分）
总分	

同步测试

一、单选题

1. 书柜放置普通书籍时，层板高度设置成（　　）不浪费空间。

   A. 250 mm　　　　B. 300 mm　　　　C. 350 mm　　　　D. 400 mm

2. 摆放书籍时，可按照（　　）进行摆放。

   A. 使用者使用习惯　　　　　　　　B. 从大到小
   C. 从高到低　　　　　　　　　　　D. 以上都是

二、简答题

1. 书籍陈列收纳的具体方法是什么？
2. 在收纳书籍时有哪些注意事项？

答案

任务六　玄关与阳台空间规划及整理收纳

家庭空间规划——
玄关与阳台

任务描述

玄关是"家的第一面"，阳台是家庭的"弹性空间"。受到房屋面积、家庭结构以及生活习惯的影响，居室收纳空间不足成为居室环境不满意的痛点。玄关的凌乱以及阳台的杂乱无章，使得日常生活变得"无从下手"。既如此，充分利用玄关和阳台的空间就显得格外重要。

工作任务：你是不是也遇到过这种情况？应如何合理设计和布局玄关和阳台？

任务分析

要了解家庭中玄关和阳台的功能及特点,在空间设计上考虑美观及实用性,在收纳时能够选择合适的收纳工具。

任务重点:玄关与阳台整理收纳的技巧。

任务难点:阳台与玄关收纳空间管理规划。

相关知识

一、玄关

玄关不仅是一个家庭重要的入户场所,也影响着人们对这个家的第一印象,所以玄关对整个家居空间来说非常重要。玄关除了有视觉屏障作用,在使用功能上不但可以换衣、换鞋、放包、放钥匙等小物品,而且还可以起到延伸空间的效果。因此根据户型大小,玄关形式分为超小玄关、独立玄关、步入式玄关和长廊式玄关,以及拐角式玄关等。

玄关的空间环境大小根据面积及户型设计而定,合适的玄关尺寸是非常重要的。过小面积的玄关不能满足家庭日常使用,增加生活动线;过大的玄关面积尺度失控,挤压户内其他功能空间面积,造成浪费。

学习拓展

《住宅设计规范》(GB 50096—2012)中对玄关等均有基本要求:套内入口的过道,常起门斗的作用,既是交通要道,又是更衣、换鞋和临时搁置物品的场所,是搬运大型家具的必经之路。在大型家具中沙发、餐桌、钢琴等尺度较大,本条规定在一般情况下,过道净宽不宜小于1.20 m。通往卧室、起居室(厅)的过道要考虑搬运写字台、大衣柜等的通过宽度,尤其在入口处有拐弯时,门的两侧应有一定余地,故本条规定该过道不应小于1.00 m。通往厨房、卫生间、贮藏室的过道净宽可适当减小,但也不应小于0.90 m。

(一)玄关设计样式

传统的玄关区域,是我们用来放鞋柜的地方,但如今玄关的设计已经衍生出很多的设计样式,现在介绍以下四种。

1. 上下结构鞋柜样式

玄关的初始目的就是用来装鞋柜，鞋柜的款式有很多种，相对更加实用的是"上下整体鞋柜＋中间留空＋收纳抽屉"的整体设计，这种款式鞋柜不仅能满足鞋子的存放需求，还可有效收纳门口的各类小件物品，中间留空区域摆放适当绿植或装饰物，使人进入家中便可感受到舒适温馨，可以说非常实用。

2. 含挂衣、换鞋凳的开放式

想要更实用些的玄关，就是带有挂衣区，还有换鞋凳的鞋柜的玄关了。开放式的设计，会让玄关看起来更宽敞，让人感觉非常的舒适，而且实用性也非常强，我们回家将穿的衣服、拿的包顺手挂在这里，非常方便。

3. 端景台玄关

端景台的玄关，看起来十分高端。一般来说是正对着大门的地方有一个隔断，简单地摆放一个有个性的小柜子，形成一个高雅的端景台。这种设计不仅起到了隔断作用，更能提升家的品位和档次。

4. 隔断玄关

有些家庭格局，进门就看见客厅，这种户型的设计不符合中国传统观念，缺少隐蔽性，所以在玄关的地方设计一个隔断。隔断设计的形式可以是木质栅栏，也可以是铁艺框架。

（二）鞋柜的尺寸

玄关设计在满足美观的情况下，更应该增加实用功能，因此对玄关处鞋柜的尺寸有以下要求：

（1）鞋柜深度：尺寸有 35 cm、40 cm、45 cm 等，30 cm 深度鞋柜可以平行放置鞋子（但男士的鞋子放不进去）；35 cm 的深度满足鞋子平放的最小尺寸，且便于存放和利用；40 cm、45 cm 深度的鞋柜可以把一双鞋子一前一后放置，既节省空间又方便拿取。

（2）鞋柜长度：基于柜体柜门外观以及内部收纳的实用性，建议玄关柜长度以 40/45/50/60/80 cm 及其倍数为基准。

（3）鞋柜高度：标准鞋的高度以 15 cm、20 cm、25 cm 为一个单元，设置可活动层板，所有层板根据鞋子高度任意上下调整，满足不同鞋子存放的高度，以达到所需要的最佳间距。比如 15 cm 的高度可以放平底鞋；20 cm 的高度可以放短靴及普通高跟鞋；25 cm 的高度可以放防水台高些的高跟鞋。另外如果放置冬天的鞋子，可以根据鞋子高度拆掉相应的层板。

（三）抽屉

玄关处的抽屉可以收纳生活中的小物品。比如出门时要拿取或进门时要放置的物品，如钥匙、眼镜、购物袋、雨伞以及剪刀、笔等，用抽屉分割盒分类收纳后放到抽屉内。如果玄关处没有抽屉，可以直接用抽屉收纳盒收纳分类后放置鞋柜桌面即可。

二、阳台

阳台是接受阳光，吸收新鲜空气，进行锻炼、观赏、纳凉、晾晒衣物的地方。阳台在家庭中起着举足轻重的作用，所以阳台的布置要实用、宽敞、美观，同时也应具有收纳的作用。

1. 阳台与客厅连成一体

居室面积小的房屋一般都没有独立书房，如果把阳台与居室打通，阳台就可以成为崭新的书房。在靠墙的位置装上层板书架，放张书桌，简易又实用的"书房"就有了。

2. 阳台成为第三洗理区

第三洗理区是针对已有的卫生间和厨房两大与洗涤有关的空间而言的，可以按照家庭中的特殊洗涤需要，把清洗抹布、涮洗拖把、晾晒衣物等家务移至阳台进行。可以根据阳台面积来选择比较喜欢或者有用的功能，如果空间不足可以选择单一的洗衣和晒衣；空间大些可以增加收纳柜，存放一些备用品和收纳清洁工具（吸尘器等）；要是空间再大些可增加洗手盆，满足洗、晒、放的功能。

在定制收纳柜时要考虑清洁工具的收纳空间，往往美美地装修败在清洁道具隐藏不到位。如果定制储物柜，建议储物柜深度在 40~50 cm。如果选择吊柜，吊柜的高度在 50~60 cm（具体尺寸应根据实际阳台大小设计）。整个柜子的高度可以根据阳台空间选择是否到顶。为充分利用柜子内部空间，可使用收纳盒或收纳篮。

3. 阳台休闲区

阳台成为休闲区就要有绿植加以装饰，对于绿植可利用栏杆以及收纳架离地挂起摆放。休闲桌椅尽量选择可折叠的（小阳台），也可根据个人喜好来选择桌椅。

在进行阳台设计及收纳时，往往会考虑综合性的功能，既满足日常晾晒的需求，也有收纳储物的能力，更要有人性化需求的满足，因此可根据阳台及居室收纳空间的大小来规划阳台。

任务实施

小组任务：玄关与阳台空间规划及整理收纳。

按照玄关与阳台空间规划及整理收纳技巧和方法，选择适宜的玄关空间规划、鞋柜收纳方法、阳台类型设计、收纳工具，进行相应的收纳整理训练。

一、玄关柜的收纳及鞋柜层板改造

玄关柜最高处进行收纳时可使用百纳箱，放置不经常使用或者换季才用的衣物被子、换季鞋子等，既省空间又卫生美观。对于滑雪板、高尔夫球杆等大型不可折叠的物品也可选择放在玄关柜内。

收纳鞋子时根据使用频率来放，当季当下要穿的鞋子放在最上层的位置，方便拿放；层板高度要比鞋子高度高一些，这样既拿取方便又美观；放置鞋子时每双鞋子之间要留有空隙，不要"硬塞"；放冬季的靴子时可拆掉一层隔板，夏季时可增加一层隔板。鞋子在收纳时可根据鞋柜的深度选择"并排放""一前一后放"，为方便选择可把鞋头朝外（见图2-1-26和图2-1-27）。

图2-1-26 鞋的放置

图2-1-27 鞋柜内部可调整层板

二、阳台的收纳方法

设计阳台收纳柜的时候要考虑是否把清洁工具放在柜子里，如果要放吸尘器之类的电器，可考虑在装修的时候做好墙面电源设计；若柜子深度太深，可借用抽屉式盒子进行收纳；因阳台温度变化大，所以放置物品时那些不耐晒、不耐高温的物品不宜放置于此。

任务评价

学生自我评价见表 2-1-12，参考评价标准见表 2-1-13。

表 2-1-12 学生自我评价

任务项目	内容	分值	评分要求	评价结果
玄关类型选择				
鞋柜收纳				
阳台类型设计				
收纳工具选择				

表 2-1-13 参考评价标准

项目	评价标准
知识掌握（30 分）	要求回答熟练、全面、正确： 说出常见玄关及阳台的类型（10 分） 说出不同尺寸鞋柜收纳技巧（10 分） 说出鞋柜收纳的方法（10 分）
操作能力（50 分）	要求判断正确、到位，方案合理： 能正确判断玄关、阳台设计是否合适（10 分） 能用最简单方案对鞋柜设计改造（20 分） 能合理应用收纳箱等辅助收纳物品（10 分） 能根据阳台、玄关大小整理收纳（10 分）
人文素养（20 分）	以认真负责的态度为客户提供优质服务（5 分） 具有严谨认真的工作态度和安全防护意识（10 分） 奉献精神，全心全意为客户考虑（5 分）
总分	

同步测试

一、选择题

1. 玄关是一个家的门面，因此设计的时候应该（　　）。
   - A. 越大越好
   - B. 越简单越显得高端
   - C. 只考虑美观
   - D. 考虑居室面积及收纳的空间是否足够

2. 在玄关处收纳时可利用的收纳工具有（　　）。
   - A. 百纳箱
   - B. 收纳盒
   - C. 挂钩
   - D. 以上都是

二、简答题

1. 在收纳鞋子时，对鞋柜改造应考虑哪些问题？
2. 对阳台进行收纳整理时应考虑哪些问题？

任务七 卫浴空间规划及整理收纳

任务描述

卫生间是家庭"重灾区"，是瓶瓶罐罐多、生活用品集中的地方，也是使用频率比较高的地方，再加上空间不够，很容易出现"脏、乱、差"的现状。

工作任务：这些东西到底该怎么收纳才能做到既方便、美观，又省空间呢？

任务分析

在卫生间收纳整理中，要知道卫生间收纳的基本原则，能够掌握卫生间收纳的技巧与方法，同时选择合适的收纳工具。

任务重点：卫生间收纳的技巧与方法。

任务难点：根据卫生间不同格局进行收纳设计。

相关知识

卫生间是家中最隐秘的一个地方，精心对待卫生间，就是精心捍卫自己和家人的健康与舒适。卫生间并不单指厕所，而是厕所、洗手间、浴池的合称。根据布局，卫生间可分为独立型、兼用型和折中型三种。根据形式，卫生间可分为半开放式、开放式和封闭式。目前比较流行的是干湿分区的半开放式。理想的卫生间应该在 5~8 m^2，最好卫浴分区或卫浴分开。3 m^2 是卫生间的面积底线，刚刚可以把洗手台、坐便器和淋浴设备统统安排在内。

卫生间生活用品比较多，但是空间又太小，收纳起来确实难，因此在空间规划时要考虑卫浴产品的收纳功能。

一、卫浴产品本身的收纳能力

（一）带内置镜柜的浴室镜

浴室镜最好还是选择实用型的，有设计感的镜柜确实能给卫生间增色不少，但是洗漱台的瓶瓶罐罐却会让整个卫生间看起来很乱。因此选择推拉门的镜柜最为合适，既满足收纳需求，又不影响打开门洗漱收拾。

（二）浴室柜

浴室柜上方是洗脸盆，下方是柜子，从体积上来看，洗脸盆占比较大。浴室柜又分为平开门和抽屉两种，平开门浴室柜收纳物品，可以借用收纳篮，这样最深的物品也能拿到，但是找的时候人就需要蹲下，而且里面还有一根排水管，空间利用相对不完全充分。相比之下抽屉式浴室柜可以将物品分类收纳，打开方便拿取。无论是抽屉式还是平开门式，在装修之初可以考虑将排水管装成墙排。

二、卫生间收纳的基本原则

（一）有藏有露

收纳应该有藏有露，既能增加美感，又能方便日常使用，20%的空间用来展示自己使用频率比较高的物品，80%的空间用来将多余的物品藏起来。洗手间凌乱的东西可以利用抽屉或者盒子分开收纳（使用四方形收纳框不浪费空间），或者镜子后面若有储物柜，可以按照使用者的身高和使用频率来放置物品。

（二）物品分类摆放

卫生间通常分为洗漱区、如厕区和淋浴区三个区域。洗漱区物品有牙刷、牙膏、漱口杯、毛巾、梳子等；沐浴区物品有洗发水、沐浴露、护发素、毛巾置物架等；如厕区物品有厕纸、垃圾桶、马桶刷、洁厕剂等。按照自己的生活习惯对日常卫浴用品进行分类摆放，这样既具有实用性，找起来一目了然，放回去也不麻烦。另外家庭物品要有计划地购买，尽量不过多囤积。

（三）利用墙面空间

充分利用挂钩、置物架等收纳工具，把清洁工具、盆等离地挂起，台面和地面尽量无物或少物，既方便打扫又不占空间。在墙面贴挂钩时尽量让挂钩保持在同一高度，这样视觉效果比较好；拐角处也可利用三角置物架增加收纳空间。

（四）归位

卫生间生活用品比较多，给每样物品一个固定位置，每次用完及时放回去。这样不仅使家庭中的每个人使用起来方便，而且更美观。

三、卫生间收纳方法

（一）清空

减少物品是打造舒适卫生间的第一步。把卫生间内各个空间的所有物品清空，统一置于地面，执行这一步骤时，要清晰地知道卫生间里所有物品的种类及数量。

（二）分类

按照洗漱区、如厕区和淋浴区所需物品来进行分类，把不符合这三个区域的物品拿走。分门别类时可利用标签进行区别，这样在分类时不仅方便，而且能及时补充物资。如沐浴产品不要出现在洗手台等，物品不够时及时补充。

（三）断舍离

一些过期的、有破损的、不想用的物品应及时地清理掉，如赠送的、存放好久的化妆品小样，已经很久不用的洗发水，洗不干净的抹布，不用的旧化妆品，空置的瓶子等。

(四)收纳归位

利用收纳工具,按照使用频率摆放物品。如清洁工具、盆之类的用墙壁挂钩置于墙面;洗手台墙面用置物架放置洗漱物品;洗手台下方的台盆柜可以利用收纳盒放置清洁消毒物品及备用物品;淋浴区利用拐角置物架放置洗漱用品。在放置物品时,使用频率高的置于手随时能拿到的地方,使用频率不高的可以放于高处或柜子深处。

任务实施

小组任务:卫浴空间规划及整理收纳。

按照卫生间空间规划进行整理收纳,开展空间规划、物品分类、收纳工具选择、收纳方法等训练。

任务评价

学生自我评价见表 2-1-14,参考评价标准见表 2-1-15。

表 2-1-14 学生自我评价

任务项目	内容	分值	评分要求	评价结果
空间规划				
物品分类				
收纳工具选择				
收纳方法				

表 2-1-15 参考评价标准

项目	评价标准
知识掌握 (30 分)	要求回答熟练、全面、正确: 说出卫生间收纳技巧方法(15 分) 说出物品分类的方法(15 分)
操作能力 (50 分)	要求判断正确、到位,方案合理: 能正确判断卫生间设计是否合适(10 分) 能用最简单的方案对卫生间设计进行改造(20 分) 能合理应用收纳箱等辅助收纳物品(10 分) 能根据卫生间大小整理收纳(10 分)

续表

项目	评价标准
人文素养 （20分）	以认真负责的态度为客户提供优质服务（5分） 具有严谨认真的工作态度和安全防护意识（10分） 奉献精神，全心全意为客户考虑（5分）
总分	

同步测试

一、选择题

1. 卫生间收纳遵循的"二八"原则指的是（　　）。

A. 把卫生间所有物品分为常用和不常用两部分，各占20%和80%

B. 20%的物品是展示在外的

C. 80%的物品可放于柜子藏起来

D. 以上都是

2. 浴室柜抽屉比平开门好用，这是因为（　　）。

A. 打开拿取物品不弯腰　　　　　　B. 内部空间可利用多些

C. 柜子深处物品拿取方便　　　　　D. 以上都是

二、简答题

1. 卫生间的哪些区域是可以增加收纳空间的？

2. 卫生间收纳的基本原则有哪些？

答案

项目二　家庭细分区域物品整理收纳

【项目介绍】

细节决定成败，整洁舒适温馨的家是每个人的向往，但人间烟火里又充斥着生活的琐碎。随着社会的发展、人们购买水平的提高、网络购物的便捷，几乎每个家庭都被各种细碎的物品所充斥。在家庭房间空间合理规划之后，只要做好家庭细分区域的物品整理收纳，给细碎的物品进行合理安置和收纳，就会体验到整齐干净的家庭环境带来的居住幸福。家庭的细分区域主要包括衣物整理收纳、家务区整理收纳、化妆区整理收纳、床上用品整理收纳、行李箱整理收纳、生活用品整理收纳和饰品整理收纳等。

【知识目标】

1. 掌握衣物、床品、生活用品的收纳技巧。
2. 熟悉家务区的功能及收纳。
3. 熟悉化妆品、饰品收纳原则。
4. 了解行李箱整理收纳的基本原则。

【技能目标】

1. 能够正确分类收纳衣物、床品和生活用品。
2. 能够合理收纳化妆品和饰品。
3. 能够有效整理行李箱。
4. 能够合理规划家务区，合理运用收纳工具，使家务区收纳空间利用最大化。

【素质目标】

1. 具有质量意识、环保意识、安全意识以及为实现美好生活而不断探索的职业精神。
2. 具有精益求精的工匠精神和良好的沟通协调能力和服务意识。
3. 能够运用所学知识为客户提供优质服务，能够做到全心全意为客户考虑。
4. 树立爱党报国、服务人民，为增进人民福祉、提高人民生活品质而不懈努力的崇高理想。

家庭整理与收纳

任务一 衣物整理收纳

衣物整理收纳

任务描述

小张夫妇上班较忙，没有时间整理衣物。一年四季的衣物都叠放在衣橱里，衣服取用几次就乱了，而且有时衣服被压变形，满是褶皱，每次穿之前都需要熨烫。小件物品如袜子、内衣等往往见缝插针塞得哪里都是，找的时候很麻烦。虽然也使用过收纳盒，但收纳盒里面被塞得鼓鼓囊囊，外面吸附得满是灰尘。

工作任务：请你教给小张夫妻收纳衣物的技巧和方法。

任务分析

完成该任务要先按照前面章节中的卧室与衣橱空间规划对小张夫妇的缺陷衣橱进行改造，合理规划衣橱空间。然后进行衣物分类，帮助小张夫妇解决衣物收纳整理方式单一的问题，掌握针对不同类型的衣物进行收纳整理的基本技巧。

任务重点：不同衣物的收纳技巧。

任务难点：能根据衣物的功能、使用频率正确分类，合理收纳。

相关知识

一、衣物的分类

衣物按照功能和使用频率可分为四类：淘汰类、应季类、反季类、收藏类。

（一）淘汰类

这一类衣物往往是过时的、有污损的、不喜欢的或者由于体形变化的原因没办法穿的。要时刻检查自己的衣橱，如果出现这类衣物，应果断处理，以免产生堆积，造成复乱。

处理方法可采用丢弃、捐赠、送人、转卖等。

(1) 丢弃：直接淘汰。这类衣物往往由于问题比较严重，没有办法送人、捐赠或者转卖，可以直接丢弃到可回收的垃圾站内。

(2) 捐赠：过时的、穿不了的闲置衣物，可以在清洗干净之后，寻找相应的公益机构上门回收。

(3) 送人：一些不适宜捐赠的时尚类衣物可以选择送给更适合它的人。

(4) 转卖：不想要的衣服和奢侈品，可以通过网络或者专门的机构转卖。

(二) 应季类

(1) 短衣：包括衬衫、T恤、上衣、短外套、西服、马甲、短裤、短裙、裤子（可对折悬挂）等。

(2) 长衣：包括中长连衣裙、超长连衣裙、长款风衣、长款外套、中长款大衣、超长外套、连体裤等。

(三) 反季节

反季节不能折叠收纳的衣服：皮草类服装、皮衣、羊绒大衣、毛呢大衣。

反季节可收纳的衣服，可参照应季的分类方式进行分类。

(四) 收藏类

收藏类衣物包括结婚、酒会、宴会等特定场合穿的礼服，或者个人特殊喜好又不能再穿的衣服。

二、衣物整理收纳的原则

(一) 对于常穿、应季类衣物的收纳原则

1. 能挂的不叠

只要衣橱挂衣区有足够空间，就一定选择植绒衣架（其优点已经在卧室与衣橱空间规划及整理收纳的章节介绍过，不再赘述）把衣服悬挂起来。这样做有五个好处：省去反复叠衣服的烦琐；所有衣服一目了然；不容易复乱；衣服不易变形、褶皱；节省空间。

衣橱挂衣区悬挂衣服时需要注意以下几点：

(1) 衣服不能太挤，否则拿取的时候会发生拉扯的现象，导致衣服变形。衣量大约

占柜体的五分之四即可。

（2）无论用哪种衣架挂衣服，都要从衣服下摆内拿取衣架，禁止直接从领口处拿取衣架，否则领口会发生变形。

（3）选择植绒衣架悬挂衣服。很多人认为衣物挂起来会变形，这是因为衣服本身有自重，如果使用不防滑的衣架，时间久了，衣服自动下坠，肩膀部位就会出现鼓包。而植绒衣架每个地方都防滑，就会避免发生这样的情况。如果选择干湿两用的植绒衣架，能将洗好的衣服直接挂进衣橱里，更是省时省力。

2. 叠必竖放

如果衣橱的挂衣区无法挂下所有的衣物，那么就要对衣物有选择地进行叠放。可叠放的衣物首选牛仔裤和运动裤，因为这两种材质的裤子不易起皱；其次选择无涂层的T恤或者运动衣，因为这两种材质的衣服叠放后不易变形受损；最后选择其他材质的T恤或打底毛衣。叠放的时候注意，要把衣物叠成可以站立的形状，竖放进抽屉区。

（二）对于不常穿、反季类衣物的收纳原则

（1）根据衣橱挂衣区的大小和个人喜好，进行悬挂或收纳到百纳箱内。如单品数量不够一箱，可合并相近类型，但一定要写清标签。

（2）百纳箱的收纳顺序。春季收纳顺序：春季收纳的是秋冬的衣服，再次取用这些衣服时的天气应是逐渐变冷的，所以将薄衣服放在最上方，厚衣服放在最下方，按照天气逐渐取用。秋季收纳顺序：秋季收纳的是春夏的衣服，再次取用这些衣服时的天气应是逐渐变暖的，所以将厚衣服放在最上方，薄衣服放在最下方。

（三）对于收藏类衣物的收纳原则

收藏类的衣物可以按照特殊节日场合可穿和特殊喜好不可穿的原则，对相应衣物分类存放或者合并相近类别存放。

任务实施

一、衣橱改造

对缺陷衣橱进行改造，合理规划衣橱空间（参考项目一家庭空间规划及整理收纳中任务一卧室与衣橱空间规划及整理收纳）。

二、衣物分类

根据衣物的功能和使用频率进行分类，并按照整理收纳原则进行收纳。

三、常见衣物收纳整理的基本技巧

（一）T恤的收纳整理技巧

T恤的收纳整理见图2-2-1。

①将衣服正面朝下平铺　　②左右两侧分别向中间折叠　　③将腰部向领口方向的三分之二处折叠

④将领口向中间折叠　　⑤将剩余部分对折　　⑥竖放收纳

图2-2-1　T恤的收纳整理

（二）裤子的收纳整理技巧

1. 悬挂方式

裤子采用悬挂方式收纳时，不推荐用裤夹悬挂。裤夹悬挂的长度＝裤子总长＋裤夹高度，这样会很占用空间。建议选用植绒衣架横梁悬挂，这样裤子既不会变形出皱，又可以节省空间。悬挂方式见图2-2-2。

2. 折叠方式

裤子的折叠方式有三折法、口袋法和立式法。

图2-2-2　悬挂式

裤子三折法

（1）三折法见图2-2-3。这种方法适合层板区，摆放的时候注意要把每条裤子交替叠加，因为腰部太厚，都放在一个方向容易倒塌。

①将裤子铺平　②将裤子左右两侧对折　③将裤子裆部向内收起，将裤腿向中间折叠至三分之二处　④裤腰向中间折叠成三等分

图2-2-3　三折法

（2）口袋法见图2-2-4。口袋法用途广泛，牛仔裤、毛衣、袜子、内裤等无论大小件都可以根据自家衣柜情况选用，但口袋叠法不建议用于容易起皱褶的裤子。

（3）立式法见图2-2-5。立式法前四个步骤与口袋法的叠法相同，第五步直接将腰部折叠即可。这种方法需要放置在抽屉内才有效，否则容易散开。

需要特别注意的是，西裤是必须悬挂收纳的，其他裤子如打底裤、运动裤、休闲裤、牛仔裤、秋裤等可以选择叠放或者放入收纳箱（见图2-2-6）。

模块二 实践技能篇

①将裤子铺平　　②将裤子左右两侧对折

③将裤子裆部向内收起,将裤腿向中间折叠至五分之四处　　④将裤腿再次向裤腰折叠　　⑤塞进腰部

图 2-2-4　口袋法

图 2-2-5　立式法

图 2-2-6　裤子的收纳整理

（三）小件物品的收纳整理技巧

小件物品通常选择抽屉分隔盒收纳。

1. 袜子的收纳整理技巧

普通袜子的收纳整理见图 2-2-7。

袜子的收纳整理技巧

127

①保持袜子原有的形状　②两只袜子重叠　③以脚跟处为中心点，向内侧折叠　④再对折　⑤颜色按照由深到浅的顺序放入收纳盒内

图 2-2-7　普通袜子的收纳整理

普通袜子折叠也可用口袋法，一只袜子脚面向下平铺，另一只脚面朝上平铺于另一只袜子上面，把袜头折叠塞进袜口，随便怎么拉扯都不会松散。

丝袜的收纳整理见图 2-2-8。将丝袜对折三次，最后将腰部翻折包裹袜体。这种方法可以把袜子最容易抽丝的部分完全包裹住，取用时不易刮花袜子。

图 2-2-8　丝袜的收纳整理

2. 内衣的收纳整理技巧

带海绵的内衣可平铺在抽屉或收纳盒内，将内衣带子折到罩杯里面，见图 2-2-9。没有海绵的内衣对折放到抽屉分隔盒内即可。

图 2-2-9　内衣的收纳整理

模块二 实践技能篇

3. 内裤的收纳整理技巧

方法一见图2-2-10。此方法不易散开，取用也方便，但需要放入抽屉分隔盒内才美观。特别要注意的是，内裤叠好的宽度需要根据收纳盒的宽度来定。

方法二见图2-2-11。这种方法操作简单，取用也方便，但需要放入抽屉分隔盒内才不易散开。同样需要注意的是，内裤叠好的宽度要根据收纳盒的宽度来定。

内裤的收纳整理技巧

①将内裤平铺　②将内裤三等分后，左右向中间折叠　③腰部向下折叠至三分之二处　④将裆部折叠并塞入腰部内

图2-2-10　内裤的收纳整理方法一

①将内裤平铺　②将内裤三等分后，左右向中间折叠　③腰部向下对折

图2-2-11　内裤的收纳整理方法二

4. 泳衣的收纳整理技巧

可折叠的比基尼，用抽屉分隔盒收纳，方便查找及使用。带海绵的连体泳衣可参照图2-2-12所示步骤叠好后，平铺放在抽屉里或放入密封袋里，使用时直接拿取即可。

①将泳衣平铺　②将裙边向内折　③将泳衣三等分对折，并将衣带放入罩杯内

图2-2-12　泳衣的收纳整理

任务评价

学生自我评价见表 2-2-1，参考评价标准见表 2-2-2。

表 2-2-1　学生自我评价

任务项目	内容	分值	评分要求	评价结果
T恤的整理收纳技巧				
裤子的整理收纳技巧				
小件衣物的整理收纳技巧				

表 2-2-2　参考评价标准

项目	评价标准
知识掌握 （30 分）	要求回答熟练、全面、正确： 正确说出衣物的分类（15 分） 说出衣物整理收纳的原则（15 分）
操作能力 （40 分）	要求判断正确、到位，方案合理： 能正确收纳 T 恤（10 分） 能正确收纳裤子（10 分） 能正确收纳小件物品（20 分）
人文素养 （30 分）	以认真负责的态度为客户提供优质服务（10 分） 具有严谨认真的工作态度和安全防护意识（10 分） 奉献精神，全心全意为客户考虑（10 分）
总分	

同步测试

一、多选题

1. 衣物按照功能和使用频率可分为（　　）类。

　A. 淘汰类　　　　B. 应季类　　　　C. 反季类　　　　D. 收藏类

2. 淘汰的衣物可采用的处理方法有（　　）。

　A. 丢弃　　　　B. 捐赠　　　　C. 送人　　　　D. 转卖

3. 对于常穿、应季衣物，收纳原则有（　　）。

　A. 能叠的不挂　　　　　　　　　B. 叠好摞放

　C. 能挂的不叠　　　　　　　　　D. 叠必竖放

二、简答题

举例说明常见衣物的收纳整理方法。

任务二　家务区整理收纳

家务区整理收纳

任务描述

小李在收拾家务时，经常遇到以下烦恼，洗衣机放在卫生间，晾衣区在阳台，每次晾衣都要穿越大半个屋子，而阳台并未放置一体式洗衣柜，不小心掉地上的衣服，又要返回卫生间重洗；吸尘器在玄关、拖把挂在阳台、水龙头在卫生间，打扫一次总要几个屋来回跑，小李很是苦恼。

工作任务：请你帮助小李改造家务区空间结构，教给小李家务区物品收纳技巧。

任务分析

小李家的家务区因为分区不合理，造成家务动线多次往返，空间利用率较低。要提高家务效率，减少家务动线，就要了解家务区的功能特点和一般家庭家务区的布局规划等。根据方便拿取的原则，将不同的清洁工具放置在合适的位置。

任务重点：合理规划家务区。

任务难点：巧妙运用收纳工具，使家务区收纳空间利用最大化。

相关知识

一、家务区的功能及优点

家务区一般有洗衣+烘干、家务清洁、杂物收纳等功能。家务区虽然面积不大，但功能丰富，使用频率高，主要有以下优点：一是节约空间。将所有零散的家务活动和工具都集中在一个区域内，节约空间，方便收纳，让整个家看起来更加整齐有序。二是提高效率。选择用电用水方便区域，缩减做家务的动线，将地面台面清洁、洁具清洗、洗衣晾晒统一处理，提高做家务的效率。三是家务智能化。因为功能性突出，家务区适合放置及安装智能型家务清洁电器，如洗烘机、吸尘器、扫地机、扫拖一体机等。

二、家务区布局规划

家务区一般可放置在阳台、卫生间、楼梯下方等空间，占用的面积较小，收纳工具摆放整齐可使收纳空间利用最大化。

（一）阳台家务区

为了不污染其他生活空间，家务区尽可能独立，因此阳台是较为理想的位置。首先可以选择南向长阳台（见图2-2-13），横跨两个房间的双阳台设计可以很好地划分晾晒区、收纳区、洗涤区及休闲区，晾晒区和洗涤区在阳台一侧，另一侧是收纳区，中间是阳台休闲区，相对独立又合二为一，既方便处理家务，又可以将晾晒的时间缩短。其次可以选择北向双阳台，只要双阳台够大，便可实现就地洗涤，就地晾晒，但北向阳台阳光较差，日照不佳。如果家庭室内面积较小，可以不设晾晒区，选择自带烘干功能的洗衣机，或者选择阳台伸缩杆，不用时可收起；也可在主阳台设计封闭式家务柜，以百叶门形式加以隐蔽，这样家务区会更加整洁。

图2-2-13 南向长阳台

（二）卫生间家务区

卫生间家务区往往利用三分离式卫浴间，将洗衣机放在干区与湿区中间的区域，并利用柜体增加储物区。将家务区设计在卫生间内，台盆柜、浴室柜可以和家务区共用，因为空间限制，保留清洁、洗拖及收纳功能，空间允许情况下可加入洗衣功能。洗衣机放在卫生间，连接上下水方便。考虑到洗衣机脱水时的震动，还可以利用定制柜体，将洗、烘、清洁集中在一块。左侧为盥洗区、中间为马桶区，右侧为浴缸及淋浴房，三大区域形成湿区，与干区进行分离。结合台盆柜和下方空间，可引入扫地机、扫拖一体机等设备，以打造兼具清洁与收纳的卫生间家务区。

（三）楼梯下方家务区

当房屋格局为跃层小户型或者两层楼以上的大户型时，还可以考虑将洗衣机安排在楼梯下方，利用难以使用的犄角旮旯，这样可以大大节省空间。可利用楼梯下方的空间打造家务区，从左到右阶梯状延伸的柜体容量惊人，除了洗衣机、烘干机这些大物件，零碎的生活用品、清洁工具都可被统一收纳，柜门一合满目清净（见图2-2-14）。

图2-2-14　楼梯下储物柜

三、家务区物品放置

（一）洗衣机、烘干机

市面上比较常见的洗衣机通常分为滚筒洗衣机和波轮洗衣机两种，机体尺寸通常为高85 cm，长宽都是60 cm，安装摆放洗衣机的时候背面需要预留5 cm左右的空间，用来装进水管和排水管。洗衣机和烘干机可以并排放置，若是滚筒洗衣机，因侧面开门，可利用洗衣机柜上下放置。

（二）洗衣池

并不是所有衣物都可以机洗，所以在洗衣机旁增加一个独立的台盆洗衣池就显得方便很多。台盆洗衣池的高度通常为80~85cm，台盆洗衣池的大小也很重要，虽然选择小的会显得更加美观，但是洗衣时会非常不方便，洗衣池上可带一体搓衣板，方便手洗衣物。

（三）立柜

家务区在阳台常以柜体形式呈现，将柜体内部根据使用者身高、常需收纳物品尺寸

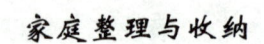

等"分格"处理。把物品进行分类归纳，这样既能较好地保持柜内的规整度，方便拿取物品，还能有效地提升柜体内部空间的利用率，减少空间浪费。带有柜门的立柜还可将物品完全隐藏，降低暴露带来的杂乱感。

立柜一侧下方可放置扫把、吸尘器等长形清洁工具；另一侧比较宽，可放置行李箱、扫地机器人等物品；上侧可放置洗衣液、消毒液、柔顺剂、抹布等清洁用品，也可放置螺丝刀、剪刀、钳子等家用工具。将物品分类整理，拿取方便。

（四）吊柜

吊柜上方可放置不常用的家务用具或储存的日常生活用品，比如卫生纸等生活物资。

四、家务区常用收纳工具

（一）不同尺寸的收纳盒

在家务柜里建立一个可以存放日常用品的空间，这些日常用品可以使用收纳盒收纳，收纳盒尺寸不一，而且可以叠加，能更好地利用空间。可以挑选适合自己的收纳盒，要留意的是，在进行收纳时尽量写好标签，以免相同尺寸的收纳盒彼此混淆。

1. 收纳托盘

在家务柜中，托盘是一种常用的收纳工具，可以用来盛放各种小物件。托盘可以充分利用柜子的纵向空间，防止物品因为放置太深拿不到。用托盘收纳时建议每个托盘收纳同类型的物品，这样不会混在一起，而且方便拿取。

2. 伸缩隔板

伸缩隔板可以用来分隔柜体空间。开放式柜体按照不同的需求，设定不同高度的隔板。可以根据放置物品的高度进行自由调整，无须固定，拿取方便，储藏能力倍增。伸缩隔板用途非常广泛，是家庭中的必备物品。

3. 洞洞板

阳台家务柜的收纳大多采用隔板形式，但一些较大的清洁和维修工具需要更合适的尺寸和空间。洞洞板是最合适的收纳工具。但要注意预留小电器的插座，利用挂钩把清洁、五金工具整齐摆放，使用时打开柜子一目了然。

洞洞板与挂钩搭配是最常见最经典的组合，挂钩有双钩、U形挂钩和导线挂钩这几种，可以随意组合使用，不同大小的工具也有对应的收纳位置。洞洞板还可以搭配金属收纳篮使用，不同材质收纳工具的碰撞有一种奇妙的差异感，同时还能丰富洞洞板的收纳方式，有不一样的装饰效果。

任务实施

根据小李家的房屋构造，合理规划小李家的家务空间。进行家务区改造主要有两个区间。

1. 阳台改造。建议洗衣机放在阳台，定制洗衣机柜，洗衣机柜上面设计吊柜作为收纳区域。吊柜下层放置洗衣液、衣架等。如有需要可配置相应的收纳工具。

2. 卫生间改造。干湿分离，可以是封闭式收纳柜，也可以是开放式收纳柜，让扫地机、吸尘器等清洁用具有固定的家。

任务评价

学生自我评价见表 2-2-3，参考评价标准见表 2-2-4。

表 2-2-3　学生自我评价

任务项目	内容	分值	评分要求	评价结果
家务区的功能和优点				
家务区的布局				
家务区物品的放置				
家务区收纳用品的使用				

表 2-2-4　参考评价标准

项目	评价标准
知识掌握 （30 分）	掌握一般家庭家务区的布局规划和功能（15 分） 熟悉家务区常用的收纳工具（10 分） 了解家务区内部构成（5 分）
操作能力 （50 分）	能正确选择区域规划家务区（15 分） 能合理使用收纳工具（15 分） 能将家用工具合理放置在家务区内（20 分）
人文素养 （20 分）	以认真负责的态度为客户提供优质服务（5 分） 具有严谨认真的工作态度和安全防护意识（10 分） 奉献精神，全心全意为客户考虑（5 分）
总分	

同步测试

一、单选题

1. 台盆洗衣池的高度通常为（　　）。
   A. 80～85 cm　　　B. 85～90 cm　　　C. 90～95 cm　　　D. 95～100 cm

2. 家务区的优点不包括（　　）。
   A. 节省空间　　　B. 提高效率　　　C. 节省费用　　　D. 智能化

3. 家务区的功能不包括（　　）。
   A. 洗衣＋烘干　　B. 家务清洁　　　C. 杂物收纳　　　D. 节省空间

二、简答题

1. 简答阳台家务区的合理布局。
2. 家务区立柜的优点有哪些？

任务三　化妆区整理收纳

任务描述

小王是一名美妆达人，经常购买化妆品，化妆品品类繁多，储存方式也各有不同。但小王每天将口红、粉底、刷子扔得到处都是，每次出门，几乎浪费一半的时间找化妆品。

工作任务：请帮小王整理好化妆台，方便小王找取化妆品，减少烦恼。

任务分析

梳妆台整洁雅致，不仅用时方便，更能使人心情愉悦。若将小王的化妆品分类放置，必须先了解一般化妆品知识和品牌，选用合适的收纳盒收纳。

任务重点：将小王的化妆台收纳整齐。

任务难点：为小王推荐一批实用的化妆品收纳工具。

相关知识

一、化妆区的物品种类

（一）护肤品

护肤品主要包括爽肤水、乳、面霜、眼霜、精华乳、防晒霜等，瓶瓶罐罐较多，外包装易碎，需放置在安全位置。

（二）化妆品

化妆品主要包括粉底类、粉饼类、胭脂类、涂身彩妆类；眼部彩妆主要包括描眉类、眼影类、眼睑类、睫毛类、眼部彩妆卸除剂等；护唇及唇部彩妆主要包括护唇膏类、亮唇油类、普色唇膏类、唇线笔等。粉底类化妆品包括粉底液、粉饼、BB霜等产品，粉底液易碎；唇部彩妆多以膏体状为主，不宜高温，不能放在阳光直射的位置。

（三）化妆工具

美容化妆工具种类繁多，常用涂粉底和定妆的工具有化妆海绵、粉扑、粉刷等；修饰眉毛的有眉刷、眉梳、眉扫、眉钳、眉剪、修眉刀等；修饰眼睛的有眼影刷、眼线刷、睫毛夹、假睫毛、美目贴等；另外有修饰脸型的轮廓刷、胭脂刷，画唇的唇刷等。刷子类常放在特制的用具套中，称为化妆套刷。

（四）饰品

饰品主要包括各式各样的项链、项圈、丝巾、围巾、长毛衣链、胸针、胸花、胸章、腰饰、手镯、手链、臂环、戒指、指环之类。不能把饰品暴露在空气中悬挂收纳，尤其是一些金属材质和珠宝类的饰品，需要避光、避水、避免接触空气。

二、化妆区收纳技巧

（一）分门别类做好收纳

化妆桌的收纳，要将不属于化妆桌的东西或垃圾处理掉，并将物品外包装的纸盒或夹链袋丢掉。由于化妆品有使用期限，应仔细确认保存日期，并依据使用顺序摆放这些

瓶瓶罐罐，摆放时最好根据功效不同做好分类，才可以一眼看到自己有哪些化妆品。

（二）以舒服坐、轻松拿原则来设定尺寸

无论是在居家设计时就把化妆台面的尺寸纳入考量，还是挑选现成化妆桌，建议依照自己个人使用需求为主作考量。一般理想的高度是 70～75 cm，方便使用者轻松地坐着打扮自己。至于台面长度，则要考量空间大小，理想长度是 80～130 cm，宽度（深度）是 40～45 cm。使用者可依据自己双手活动的空间，以及化妆品摆放位置做设定，使用起来能更加得心应手。

（三）选择易搭配风格及好清洁整理的材质

化妆桌使用的材质多半为木质，因为以木材组成的化妆桌为百搭款式，无论是北欧风家居还是现代风格家居都十分适合。再者，购买好清洁、易打理的材质，最好用湿布一抹就能去除污渍，方便整理。

（四）汇集多功能于一身的复合化妆桌

为了一次解决化妆桌的收纳问题，现在拥有专门放刷具的收纳隔层，以及放置吹风机与电线收纳的大抽屉的化妆桌，化零为整，汇集多样功能于一身，轻松成为收纳的好帮手。当平面打开时直接是镜子，柜子内侧和抽屉可以提供充足化妆品收纳需求，让化妆品与刷具都可以摆好摆满。再下方则采用移动式收纳架，借此提升收纳量，分层摆放不同类型的保养品与化妆品。最贴心的，还内建插座，让爱美的你一次在这个化妆台搞定上妆、烫发等所有动作。当桌面清空，也可以直接作为工作桌使用。

三、化妆区收纳方法

（一）桌面区域收纳

桌面区域用于放置经常使用的化妆品和饰品时，需要借助较多的收纳工具收纳。经常使用的是桌面多功能收纳盒，一种多层又带盖子的收纳盒，这种收纳盒容量大，化妆品放进去看起来一目了然，而且盖子可以防止落灰，保证了干净整齐。另外，可以利用小托盘放一些常用但体积小的物件，这样既能使桌面整洁，而且好看的托盘在视觉感受上还会很加分。选择托盘的时候，也尽量选择一些外围一圈有包边的，这样平时挪动的时候不至于导致物品掉落。口红可以用口红专用收纳盒放置整理，一是能直观看到所有口红色号，二是拿取简单方便。像美妆蛋、粉扑之类可以清洗过后重复使用的产品，需要运用海绵蛋托放在通风干燥的桌面上。化妆刷子等工具最好竖直存放，可以用美观的圆筒，内部放入珍珠或者水晶土、干净的细沙等来放置化妆刷；也

可以用上面提到的多功能收纳盒;如果需要带化妆刷外出,还可以使用专门的化妆刷收纳皮夹。

(二)抽屉区域收纳

可利用市场上专门的抽屉隔板,根据抽屉大小自由拼装;也可以直接买带分格的收纳盒,直接将收纳盒安置在抽屉里;也可直接使用抽屉斗柜,斗柜高度数量选择很多,可以根据自己物品多少和房间布置来选择;也可在化妆桌旁边放置收纳小推车,不仅可以收纳较多化妆品,还不会占用太多桌面空间。

(三)墙面区域收纳

棉签、化妆棉这种高消耗品可以用挂钩挂在墙壁上,方便取用。轻巧的铁质收纳架,可以收纳瓶装、罐装等稳定性比较好的化妆品,拿起来方便也更加显眼。墙面收纳最大的好处就是节省空间,但需要注意视觉效果。选择收纳工具的时候,尽量选择较美观又实用的。

任务实施

根据小王的化妆习惯,为小王合理规划化妆空间。

1. 设计化妆区。根据小王家的内部空间,尊重小王的生活习惯,将化妆桌放置在合理的位置,并使用合适的收纳工具对墙面进行空间改造。

2. 化妆品收纳。化妆品包括护肤品和彩妆用品,根据化妆品的储存方式、外包装大小选用合适的收纳工具将化妆台收纳整齐。

任务评价

学生自我评价见表2-2-5,参考评价标准见表2-2-6。

表2-2-5 学生自我评价

任务项目	内容	分值	评分要求	评价结果
化妆区的物品分类				
化妆区的收纳技巧				
化妆区的收纳方法				

表 2-2-6　参考评价标准

项目	评价标准
知识掌握（30 分）	掌握化妆区收纳技巧（15 分） 了解化妆区物品的种类（15 分）
操作能力（50 分）	能正确划分化妆区（25 分） 能合理使用化妆品收纳工具（25 分）
人文素养（20 分）	具有全心全意为客户服务的意识（8 分） 具有严谨认真的工作态度和安全防护意识（12 分）
总分	

同步测试

单选题

1. 一般理想的化妆桌高度是（　　）。
   A. 65～70 cm　　B. 70～75 cm　　C. 75～80 cm　　D. 80～85 cm

2. 以下哪种饰品收纳的时候不需要避光、避水、避免接触空气？（　　）
   A. 项链　　　　　　　　　　　　B. 手链
   C. 胸针　　　　　　　　　　　　D. 帽子

答案

任务四　床上用品整理收纳

床上用品整理收纳

任务描述

在居家生活中，一个家庭往往要准备几套床上用品来换洗。床上用品是家庭收纳的"大件"，在整理收纳时比较容易犯难，会觉得橱柜不够用。

工作任务：我们应该如何收纳家里的床上用品？

任务分析

要合理收纳床上用品，就要了解常见床上用品的性质、特点等一般知识，掌握床上用品整理收纳的主要技巧和床上用品整理收纳的基本步骤。

任务重点：床上用品整理收纳的基本步骤。

任务难点：床上用品整理收纳技巧。

相关知识

一、床上用品的概念与分类

（一）床上用品的概念

床上用品指摆放于床上，供人在睡眠时使用的物品，包括被褥、被套、床单、床罩、床笠、枕套、枕芯、毯子、凉席和蚊帐等。

（二）床上用品的分类

床上用品主要分为四类，见图 2-2-15。

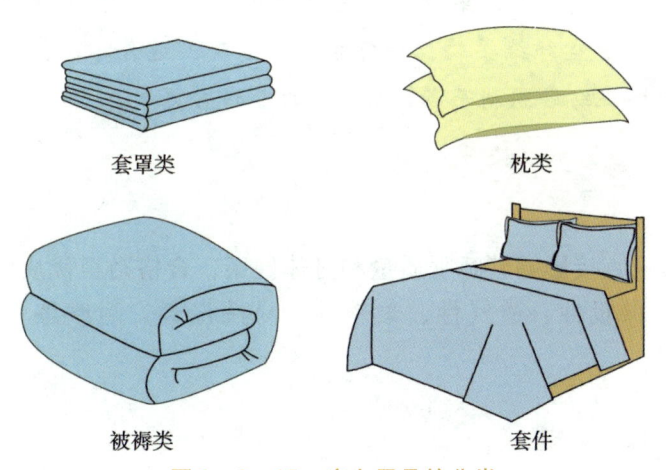

图 2-2-15 床上用品的分类

（1）套罩类：包含被套、床罩、床单。

（2）枕类：可分为枕套、枕芯。枕套又分为短枕套、长枕套、方枕套等，枕芯又分为四孔纤维枕、方枕、木棉枕、磁性枕、乳胶枕、菊花枕、荞麦枕、决明子枕等。

（3）被褥类：七孔被、四孔被、冷气被、保护垫。

（4）套件：四件套、五件套、六件套、七件套。

二、床上用品的主要面料及特点

（一）床上用品的主要面料

床上用品伴随着人们的日常生活，使用频率极高。床上用品的常见面料主要有以下几类：

（1）纯棉面料：触感舒适，易染色，柔软暖和，吸湿性强，耐洗，使用较为广泛，但较为容易起皱，易缩水。

（2）涤棉面料：一般采用65%涤纶、35%棉配比而成。涤棉分为平纹和斜纹两种。平纹涤棉强度和耐磨性都很好，缩水率极小，耐用性能好，但舒适贴身性不如纯棉；斜纹涤棉通常比平纹密度大，显得较为厚实，手感较好。

（3）真丝面料：外观华丽，感觉舒适，弹性和吸湿性较好，耐热性比棉质面料差。

（4）亚麻面料：吸湿性好，导湿快，面料粗涩、凉爽，主要用于春夏季的床上用品。

（5）棉麻混纺面料：透气性、吸汗效果较好，冬暖夏凉，适合贴身使用。

> **学习拓展**
>
> 功能性床单：四季都能使用的"三明治"床单，织物为三层结构：中间垫纱层只有纬纱，使床单更加蓬松柔软，舒适感更好；一面表层由锦纶超中空纤维的短纤纱织制而成，中空纤维柔软，触感柔和、温暖，适合冬季；另一面表层由凉爽纤维和普通纤维混纺纱织制而成，触感凉爽，适合夏季。

（二）床上用品的特点

床上用品的质量直接影响着睡眠质量和身体健康，合格乃至优质的床上用品应具有蓬松性、贴身性、保暖性、透气性、柔软性、易洗涤性、耐摩擦性、防霉防菌性等特点。

任务实施

一、床上用品整理收纳的基本步骤

（一）取出所有床上用品

将家里所有的床单、被罩、枕套、床罩等都拿出来放在一起，以便清楚地掌握自己到底拥有多少件床上用品。

(二) 对床上用品进行筛选、断舍离

当把所有的床上用品放在一起时，会发现有一部分其实已经不适合继续使用，但一直放在衣橱角落里没有意识到，如结块严重的被子、有明显顽固污渍或破损的床单被罩、使用超过3年的枕头等。如果床上用品存在以上情况，建议舍弃。

对于家里的床上用品，可以进行思考和筛选：经常用的床上用品是哪些，不经常用的是哪些，不经常用的原因有哪些，哪一部分可以扔掉换新的，哪一部分需要再添加购置。

思考完以上问题，则需要对床上用品进行断舍离，把床上用品分为三类：喜欢、适用、需要的留存；适用但不喜欢或不需要的可以根据收纳空间考虑是否留存，如果收纳空间有限，建议舍弃，如果收纳空间富余，可以作为备用；不喜爱、不适用、不需要的舍弃。

(三) 列出床上用品清单

对决定留存的床上用品按照面料、尺寸等进行简单分类，做好记录清单，主要记录各类床上用品的名称、数量、尺寸、使用房间、使用季节等。

床上用品清单能够使拥有者再次梳理对床上用品的需求，明确哪类床上用品是有富余的，哪类床上用品是需要补充的，从而指导进一步整理和下一次添置。

例如，某家庭床上用品库存见表2-2-7和表2-2-8。

表2-2-7 某家庭床上用品库存（被子）

名称	数量	尺寸	使用房间	使用季节
蚕丝被	2	220 cm×240 cm	主卧	春秋
羽绒被	1	220 cm×240 cm	主卧	冬
空调被	2	200 cm×230 cm	主卧、儿童房	夏

表2-2-8 某家庭床上用品库存（四件套）

名称	数量	尺寸	使用房间	使用季节
全棉	3	1.8米床	主卧	春秋
法兰绒	2	1.8米床	主卧	秋冬
珊瑚绒	2	1.5米床	次卧、儿童房	冬

(四) 合理收纳

列出床上用品的分类清单后，可以对暂时不用的床上用品进行收纳。

(1) 被子。家庭中常见的被子主要有传统棉被、羽绒被、蚕丝被、化纤被等，根据其面料性质等特点，不同被子所使用的收纳方法应不同。

①羽绒被、蚕丝被。羽绒被和蚕丝被怕挤压、怕不透气，羽毛和蚕丝的蛋白纤维需要呼吸，因此真空收纳不适用，不能使用真空袋。此外，蚕丝被不能在太阳下暴晒。

②化纤被。化纤被指九孔被、七孔被等中空化学纤维填充的被子，保暖性好、较轻，不怕晒、不怕挤，可以用真空袋收纳。

③传统棉被。传统棉被比较厚重，怕潮，应经常晾晒，保持干燥，并进行防虫收纳。应注意，棉花被在晾晒时不可用力拍打，否则棉花纤维容易断裂。

(2) 床单、被套、枕套、床罩等洗涤后干透再收纳即可。这类床上用品相对来说更换频率较高，可使用合适大小的收纳箱，根据收纳箱的高度和宽度，将床上用品折叠成适合尺寸的方块，直立收纳在收纳箱里，方便取用。在折叠时，可以将四件套叠在一起，整套收纳。

(3) 枕芯。枕芯在使用时通常不存在换季的问题，经常晾晒即可。一般来说，使用2~3年的枕芯会变形，且螨虫较多，建议更换。如果家里有备用枕芯需要收纳，可以使用大收纳箱。

(4) 凉席。夏季过去，需要将凉席撤下来，用湿布擦拭干净，放在阴凉通风处晾干，卷起来，外面捆绑一层防尘布，立在衣柜角落收纳。

二、床上用品整理收纳的主要技巧

(一) 枕套收纳法

(1) 取出要收纳的四件套，先将其中一个枕套、床单、被罩叠成相同大小的长方形，叠整齐后的大小要小于枕套，一般可叠成二分之一枕套大小，另一个枕套预留备用。

(2) 将叠好后的一个枕套、一个床单、一个被罩叠放在一起，整齐地平塞进未叠备用的另一个枕套里。

(3) 将变身成为收纳袋的枕套边缘折叠整齐，放进收纳箱里，可以选择平放在侧面带有拉链的收纳箱里。

(二) 直立折叠法

(1) 将被罩、床单纵向等分成三份后折叠起来。

(2) 将纵向折叠后的被罩、床单横向等分成四份，在左边和右边各自的四分之一处往里折，最后将两边再次对折即可。

(3) 把折叠好的被罩、床单直立放入收纳空间，一目了然，方便拿取。

(三) 衣服收纳法

（1）将需要收纳的被子平铺在床上，并准备一件不穿的旧T恤。一般来说，220 cm×240 cm的被子可以用一件尺码为165或170的T恤完整包裹住。

（2）将被子大致按照旧T恤的尺寸适当折叠好。

（3）给折叠好的被子套上T恤，将多余的衣摆和袖子塞进被子的叠层。

（4）用衣服收纳好的被子可以从领口处看到被子样式，使用时方便辨识。

任务评价

学生自我评价见表2-2-9，参考评价标准见表2-2-10。

表2-2-9　学生自我评价

任务项目	内容	分值	评分要求	评价结果
床上用品的概念及分类				
床上用品整理收纳的基本步骤				
床上用品整理收纳的主要技巧				

表2-2-10　参考评价标准

项目	评价标准
知识掌握 （40分）	要求回答熟练、全面、正确： 掌握床上用品整理收纳的基本步骤（15分） 掌握床上用品整理收纳的主要技巧（15分） 了解床上用品的概念及分类（10分）
操作能力 （40分）	要求判断正确、到位，方案合理： 能够按照基本步骤整理收纳家庭中的床上用品（20分） 能够熟练利用床上用品整理收纳的主要技巧（20分）
人文素养 （20分）	能够以严谨认真的态度和细致专业的意识完成床上用品整理收纳任务（10分） 能够以客户为本，培养自身精益求精的工匠精神（10分）
总分	

同步测试

一、单选题

1. 以下关于床上用品合理收纳的说法，不正确的是（　　）。

A. 适用但不喜欢或不需要的床上用品可以根据收纳空间考虑是否留存

B. 羽绒被和蚕丝被不怕挤压，可以真空收纳

C. 传统棉被比较厚重，怕潮，应经常晾晒

D. 使用2～3年的枕芯会变形，且螨虫较多，建议更换

2. 以下不属于床上用品特点的是（　　）。

A. 蓬松性　　　B. 贴身性　　　C. 不透气性　　　D. 柔软性

二、简答题

1. 简要论述床上用品枕套收纳法的基本步骤。
2. 简要论述如何对床上用品进行断舍离。

任务五　行李箱整理收纳

任务描述

很多人在出行中都会用到行李箱，当东西太多、太杂时，往往会遇到行李箱装不下的情况。

工作任务：当遇到过这种情况时，应如何整理收纳行李箱？

任务分析

行李箱的整理收纳有一些小技巧，使"小空间"发挥"大作用"。进行行李箱整理收纳时，应了解和掌握行李箱整理收纳的基本原则、步骤和主要技巧。

任务重点：行李箱整理收纳的主要技巧。

任务难点：行李箱收纳技巧实操演练。

相关知识

一、行李箱常见材质与尺寸

（一）行李箱常见材质

根据外壳材质不同，行李箱可分为硬壳行李箱与软壳行李箱。

1. 硬壳行李箱常见材质

（1）合成树脂（ABS）：材质较硬、不易变形，能有效保护物品，但重量较大，便携性不高。

（2）热塑性复合材质（CURV）：成本较低，能承受较高强度冲击，能有效保护物品。

（3）聚丙烯（PP）：重量较轻，耐冲击、耐热，但耐寒性和韧性较差。

（4）聚碳酸酯（PC）：具有较好的电绝缘性、耐热性和耐寒性，抗冲击性较强。

2. 软壳行李箱常见材质

常见材质有牛津布、尼龙布、无纺布等，优点为自身重量较轻、耐剐蹭、比较耐用，缺点为防水性较差、不能有效保护易碎物品。

（二）行李箱常见尺寸

常见的行李箱尺寸主要有20英寸、24英寸、28英寸、32英寸等，可根据出行天数和物品多少进行选择（见表2-2-11）。

表2-2-11 行李箱常见尺寸

行李箱尺寸	适用的一般出行天数
20英寸	2~4天
24英寸	4~7天
28英寸	7~10天
32英寸	长期

二、行李箱整理收纳的基本原则

（一）罗列清单

简单罗列携带物品清单，收拾完行李根据清单仔细对照，一目了然，见图2-2-16。

证件　　电子产品　　衣物　　化妆品

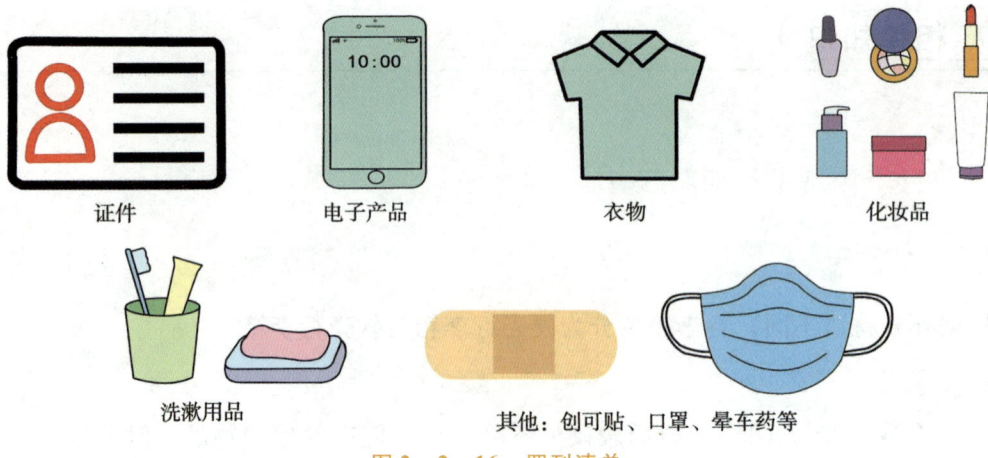

洗漱用品　　其他：创可贴、口罩、晕车药等

图 2-2-16　罗列清单

（二）学会断舍离

很多人出门整理行李箱时什么都想带，很容易"患得患失"，其实只要带上日常必备品就够了。

断舍离理念：把那些"不必需、不合适、令人不舒适"的东西统统断绝、舍弃，并切断对它们的眷恋。

（三）减小物品体积，尽量节省空间

把衣服卷起来，不仅可以节省空间，还能保护一些易碎品。

任务实施

一、行李箱整理收纳的四个步骤

（一）整理出收纳清单

不论出行前考虑得多么周全，还是会犯丢三落四的毛病。提前列出一份收纳清单，收拾完行李再与清单仔细对照，会有事半功倍的效果。

（二）把所带物品都拿出来归类整理

列完清单之后，能够对需要带的物品大致做到心中有数。

（1）先把所有东西平铺摆放出来，然后按照类别将它们进行整理，分为贴身衣物类、个人清洁用品类、化妆品类等。

（2）按类别装好，再逐件放进行李箱内，如有空隙或凹槽，还能填充一些衣物。建议使用整齐又清楚的收纳包，收纳包尽量用方形。

（3）普通叠衣法会太占空间，可以把衣裤卷起来往上叠高，能卷起来的尽量不要折。这样的方法十分节省空间，还能保护一些易碎品。

（4）化妆品和洗漱用品比较容易漏，尤其是精油、水乳、洗发乳等，收纳前可以先将瓶口套上一层保鲜膜，再把它们放进塑封袋，防止漏洒。

（三）行李箱空间的安排

（1）厚衣是用来压箱底的，把重物分摊在底部，让行李箱受力均匀，便于推拉行走。

（2）将卷好的衣物依次紧密排列，节省较大空间。也可以使用"折叠方块法"，把牛仔裤分段折叠成方块，不平铺，竖立摆放在行李箱中。

（3）将易褶皱的衬衫、西装放在行李箱中间，以保持它们的平整。把化妆品和手包放在最上面，避免受到挤压。

（4）把鞋子放进密封袋里，既没有异味，也不会弄脏行李。还可以在鞋子里塞入几双袜子等小物件。将鞋子沿着箱边排放。

（5）用袜子卷衣服。可以在平铺的T恤里放内裤、包好的牙刷，然后用袜子将它们卷成一个卷，密封、节省空间。

（6）如果是旅行，带几个密封袋。旅行途中免不了会有脏衣物，用密封袋放脏衣服，就可以把干净衣服和脏衣服分隔开。

（四）剩余空隙的充分利用

如果行李箱差不多被装满了，但还有一些空隙，怎么办？这时可以把一些小型杂物，比如耳机线、首饰、眼镜盒等，见缝插针地放进边角零碎的空间。

（1）充电头和充电线是出门最容易丢失的物品，可以利用眼镜盒、零钱包等进行收纳。

（2）首饰可以用分格的药丸盒收纳，把戒指、耳环、项链分置，既可以妥善保管贵重物品，也可以避免路途颠簸使它们纠缠在一起。

（3）香水瓶等易碎品在搬运行李时可能受到碰撞，把它们放进厚袜子里，会达到很好的减震效果。

二、行李箱整理收纳技巧

（一）衣服卷起来比较省空间

衣服折叠放置在行李箱，不仅会让衣服留下折痕，还很浪费空间。如果将衣服用卷的方式来收纳，既可以减少折痕，也能省下空间。

（二）使用真空压缩袋

有些衣物比较占用行李箱空间，如外套、儿童服装、玩具等，可以利用真空压缩袋来收纳，节省行李箱空间。

（三）使用"下厚上薄、贵重易碎放中间"收纳原则

把一些厚重的衣服放在行李箱的底部，将常穿常换、轻薄的衣服放在上层。将首饰、化妆品、易碎品等放在行李箱中间部分，可用厚重衣服的另一半将其包裹起来，起到保护作用。

（四）购买旅行装的洗漱用品和化妆品

日常生活所需要的各种洗漱用品和化妆品等"瓶瓶罐罐"也会占用很多行李箱空间，选择容量较小的旅行装，能够省出相当多空间。

任务评价

学生自我评价见表2-2-12，参考评价标准见表2-2-13。

表2-2-12 学生自我评价

任务项目	内容	分值	评分要求	评价结果
行李箱物品分类				
行李箱空间安排				
行李箱"小空间"利用技巧				

表2-2-13 参考评价标准

项目	评价标准
知识掌握 （30分）	要求回答熟练、全面、正确： 掌握行李箱整理的主要步骤（15分） 熟悉行李箱整理收纳原则（15分）

续表

项目	评价标准
操作能力（50分）	要求判断正确、到位，方案合理： 能快速准确罗列出行李箱外出携带物品清单（10分） 能利用断舍离理念准备好行李箱物品（10分） 能合理对行李箱物品进行简单分类（10分） 能合理利用行李箱空间放置物品（10分） 能准确掌握物品收纳的相关技巧（10分）
人文素养（20分）	能够以严谨认真的态度和专业意识完成行李箱整理收纳任务（10分） 具有以客户为本，充分考虑其需求的心态（10分）
总分	

同步测试

一、单选题

1. 以下关于行李箱整理收纳技巧的说法，不正确的是（　　）。

A. 衣服卷起来比较省空间

B. 购买旅行装的洗漱用品和化妆品

C. 使用"下薄上厚"收纳原则

D. 外套、儿童服装等比较占用行李箱空间，可以利用真空压缩袋来收纳

2. 以下关于行李箱空间安排的说法，不正确的是（　　）。

A. 把鞋子放进密封袋里，既没有异味，也不会弄脏行李

B. 将易褶皱的衬衫、西装放在行李箱最下面

C. 把化妆品和手包放在最上面，避免受到挤压

D. 将鞋子沿着箱边排放

二、简答题

1. 简要论述行李箱物品的分类。

2. 简要论述行李箱整理收纳的步骤。

答案

家庭整理与收纳

任务六
生活用品整理收纳

生活用品整理收纳

任务描述

在居家生活中，无论是单身居住，还是一家人共同生活，堆在家里的各种生活用品总是越来越多，家里的储物环境越来越小，不知该如何面对放在家里的各种生活用品。

工作任务：应该如何收纳家里的各类生活用品？

任务分析

生活用品种类繁杂、数量较多，是家庭收纳整理的重中之重。整理收纳时，应了解和掌握生活用品整理收纳的基本原则、常用工具和主要技巧。

任务重点：生活用品整理收纳的主要技巧。

任务难点：生活用品整理收纳技巧实操演练。

相关知识

一、生活用品的概念及范围

（一）生活用品的概念

生活用品顾名思义是指普通人在日常生活中使用的物品，也可称为生活必需品。生活用品是人们一些常用物品的统称，例如牙膏、脸盆、衣架、卫生纸等。

（二）生活用品的常见范围

生活用品的常见范围见图 2-2-17。

洗护用品　　　　　家居用品　　　　　厨卫用品　　　　　清洁用品

图 2-2-17　生活用品的常见范围

需要说明的是，在生活用品的常见范围中，有时也包括床上用品、化妆品等。由于本书在前文中已经专门介绍化妆区和床上用品的整理收纳，故在此不作赘述。

二、生活用品整理收纳的基本原则

（一）日常消耗品不要囤积过量，当下够用即可

现在，越来越多的人喜欢"囤东西"。一方面，在家里囤积一些生活日用品会使人们产生一种安全感；另一方面，网络购物促销使得"多买便宜"这一理念越来越深入人心。然而，从整理收纳的角度来看，囤的东西越多，整理收纳的难度也就越高。因此，对于日常消耗品，不要囤积过量，掌握当下够用的原则即可。例如洗手液、洗发水、卫生纸等，不论是实体超市还是电商平台，购买都比较快捷便利，备好现在够用的量，快用完时再进行采购，时间是完全来得及的。

（二）为生活用品的存放设定一个固定位置

生活用品较为繁多杂乱，很多时候存放在家中的生活用品并不是用完了，而是不知道放在了哪里，需要时找不到，不需要时自己又冒出来了。因此，在整理收纳生活用品时，应设定一个固定位置。固定位置的设定可以帮助我们在需要时能够快速找到该用品，避免重复购买和浪费。

（三）善于发掘家中的收纳空间，将存货藏在看不见的地方

不方便使用的空间是囤货的好地方：衣柜、橱柜的最顶部，洗漱台下的空间、缝隙、死角等，都是绝佳的藏货点，可以将暂时用不到的生活用品存放在这些空间中。

（四）充分利用收纳工具，分门别类，化零为整

生活用品多种多样，既涉及家庭中的多个空间，又有着不同的大小和形状。使用合适的收纳工具，能够将生活用品的整理收纳变得简单并富有创意。另外，利用收纳工具

整理生活用品，不能只按照空间划分，还要思考使用习惯、收放的动作等。在选择收纳工具时，尽量选择同一系列的收纳工具，这样色调统一，视觉上会显得更加干净整齐。

任务实施

一、生活用品整理收纳的常用工具

（一）金属架

金属架（见图2-2-18）有不同的高度、宽度和深度可以选择，零件简单，组装容易，搭配收纳篮、收纳箱、挂钩等工具可以收纳很多的东西。金属架具有一定的耐水性，也可以在厨房和浴室使用。

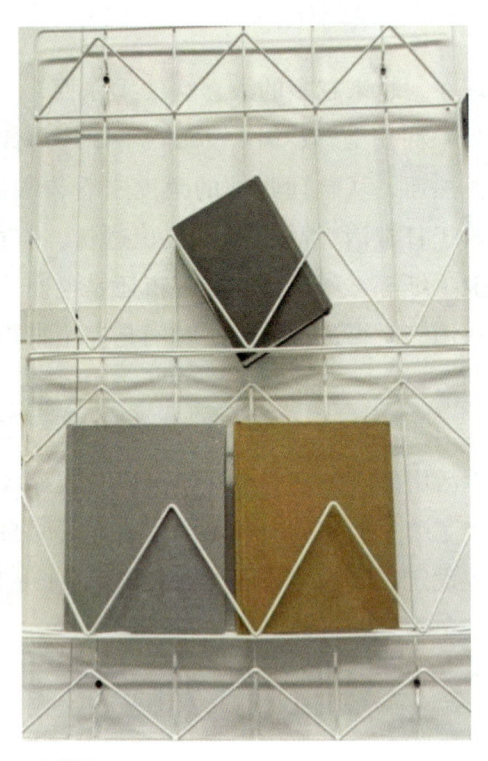

图2-2-18　金属架

（二）木质柜子

木质柜子（见图2-2-19）适用范围较广，不同尺寸和形状的柜子可以进行组合，变化多样，可以增加空间的使用率。但是，木质柜子防水性能较差，不适合在卫生间、厨房等地方使用；放在客厅、卧室、书房等都是不错的选择，既美观大方又具有耐久性。

模块二　实践技能篇

图2-2-19　木质柜子

（三）收纳箱（篮）

塑料、布质、纸质、藤编等不同材质的收纳箱（篮）（见图2-2-20），具有不同大小的尺寸。收纳箱（篮）可以根据收纳空间任意选择。另外，收纳箱（篮）也有着形式多样的特点，有方形、圆形、菱形等多种形状，适合不同空间的收纳需求。

图2-2-20　收纳箱（篮）

家庭整理与收纳

收纳箱（篮）可单独使用，也可多个组合起来形成一套简易"收纳柜"，还可与其他收纳工具配合使用。

（四）小推车

小推车（见图2-2-21）占地面积较小，且可以自由移动，放置到不同的空间，实用性较强，可以用来收纳客厅、卧室、洗手间、厨房等的各种零碎用品，如洗化用品、常用小工具、零食、书籍、儿童玩具，甚至是多肉植物或小型盆栽。

图2-2-21 小推车

小推车有多种颜色和款式，可以根据自己家庭中的整体风格来进行选择。

二、生活用品整理收纳的主要技巧

（一）利用伸缩横杆和S形挂钩将可悬挂物品收纳在墙面上

对于厨房用品来说，工具多种多样、款式繁杂，锅碗瓢盆、锅铲、刀具、清洁用具等在日常生活中都需要用到。然而，厨房空间又是家庭中相对较小的一块区域，如何做好整理收纳至关重要。将伸缩横杆和S形挂钩（见图2-2-22）组合利用，能够将可悬挂的厨房用品收纳在墙面上，既节省空间，又方便拿取。

除此之外，S形挂钩还可以收纳马克杯、带把儿的玻璃杯、帽子、包等物品，既实用又美观。

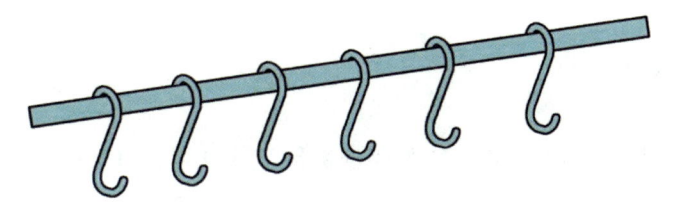

图 2-2-22　伸缩横杆和 S 形挂钩

（二）利用丽巴架子收纳小型生活物品

丽巴架子（见图 2-2-23）是一款较受年轻人喜爱的收纳工具，它是一种白色的窄条搁板，可以利用墙面和墙角，收纳小型生活用品，如化妆品、书籍、手办、调味料瓶等。丽巴架子不占地方，却能收纳不少东西。也可以用丽巴架子做一面照片墙，将相框收纳在架子上，既好看又整洁。

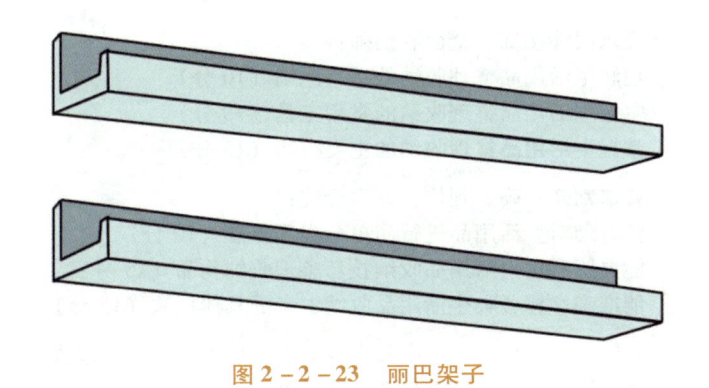

图 2-2-23　丽巴架子

（三）同类物品排列摆放，常用套装放一起

对于杯子、书籍这类数量多、规格相近的物品，可将同类物品排列摆放，不仅方便取用，在视觉上也具有美感。

对于经常一起搭配使用的常用套装物品，在整理收纳时应注意放在一起。例如，将洗发水、沐浴露、洗面奶和剃须刀等洗浴物品放置一处，便于存取；早餐中需要冷藏的食材（鸡蛋、牛奶、芝士等）用收纳篮装起来一起放进冰箱，方便取出，且可减少开冰箱门的次数，既节约时间又节约能源。

（四）注意有保质期的物品

酱料、调味品、食材按种类分类，然后按保质期排列。冰箱里的汽水和乳制品也应留意保质期限，及时清空。除了食品，睫毛液等开封后长时间不使用会凝固的液状物品也需要定期检查。

任务评价

学生自我评价见表 2-2-14，参考评价标准见表 2-2-15。

表 2-2-14　学生自我评价

任务项目	内容	分值	评分要求	评价结果
生活用品整理收纳的基本原则				
生活用品整理收纳的常用工具				
生活用品整理收纳的主要技巧				

表 2-2-15　参考评价标准

项目	评价标准
知识掌握 （40 分）	要求回答熟练、全面、正确： 理解生活用品整理收纳的基本原则（10 分） 掌握生活用品整理收纳的常用工具（15 分） 掌握生活用品整理收纳的主要技巧（15 分）
操作能力 （40 分）	要求判断正确、到位，方案合理： 能合理对生活用品进行简单分类和整理（10 分） 能熟练利用生活用品收纳技巧整理收纳物品（15 分） 能准确掌握各类生活用品收纳工具的具体用法（15 分）
人文素养 （20 分）	能够以严谨认真的态度和专业意识完成生活用品整理收纳任务（10 分） 能够以客户为本，充分考虑其需求（10 分）
总分	

同步测试

一、单选题

1. 以下关于生活用品整理收纳常用工具的说法，不正确的是（　　）。

　　A. 金属架不可以在厨房和浴室使用

　　B. 木质柜子防水性能较差，不适合在卫生间、厨房等使用

　　C. 收纳箱有方形、圆形、菱形等多种形状，适合不同空间的收纳需求

　　D. 收纳箱可单独使用，也可多个组合起来形成一套简易"收纳柜"

2. 以下关于生活用品整理收纳技巧的说法，不正确的是（　　）。

　　A. 同类物品排列摆放，常用套装放一起

B. 酱料、调味品、食材先按种类分类，然后按保质期排列
C. 将伸缩横杆和 S 形挂钩组合利用，能够将可悬挂的厨房用品收纳在墙面上
D. S 形挂钩在家庭收纳中的实用性不强

二、简答题

简要论述生活用品整理收纳的基本原则。

任务七 饰品整理收纳

任务描述

现代社会中，人们的衣食住行越来越精致，各种各样的饰品琳琅满目，点缀着我们的日常生活。用来装点生活的饰品精致而美好，但其小巧贵重的特点让整理收纳也变得较为麻烦。

工作任务：应该如何收纳各种饰品？

任务分析

要有效收纳各种饰品，就要了解常见饰品的主要类别等知识，掌握饰品整理收纳的基本原则和技巧。

任务重点：饰品整理收纳的基本技巧。

任务难点：饰品整理收纳技巧实操演练。

相关知识

一、饰品的概念及类别

（一）饰品的概念

饰品是用来装饰的物品，一般用途为美化个人外表、装点居室等，现多指用各种金

属材料、宝（玉）石材料、有机材料等制成的用以装饰人体及相关环境的装饰品。

（二）饰品的类别

1. 按材料分类

（1）金属类包括贵金属和常见金属。

贵金属：黄金；铂；银。

常见金属：铁（多为不锈钢）；镍合金；常见金属铜及其合金；铝镁合金，锡合金。

（2）非金属类：皮革、绳索、丝绢类；塑料、橡胶类；动物骨骼（牛角、骨等）、贝壳类；木料（沉香、紫檀木、枣木、伽南木等）、植物果核类（山核、桃核、椰子壳等）；宝玉石及各种彩石类；玻璃、陶瓷类。

2. 按佩戴部位分类

（1）首饰类：

①头饰：主要指用在头发四周及耳、鼻等部位的装饰。

A. 太阳帽、太阳镜、发饰等；

B. 耳饰，包括耳环、耳坠、耳钉等；

C. 鼻饰，多为鼻环、鼻针等。

②胸饰：主要是用在颈、胸背、肩等处的装饰。

A. 颈饰，包括各式各样的项链、项圈、丝巾、围巾、长毛衣链等；

B. 胸饰，包括胸针、胸花、胸章等；

C. 腰饰，包括腰链、腰带等；

D. 肩饰，多为披肩之类的装饰品。

③手饰：主要是用在手指、手腕、手臂上的装饰，包括手镯、手链、戒指、手表之类。

④脚饰：主要是用在脚踝、大腿、小腿的装饰，常见的是脚链、脚镯。

⑤挂饰：主要是用在服装上，或随身携带的装饰，比如纽扣、钥匙扣、手机链、手机挂饰、包饰等。

（2）其他类：主要有妆饰类（化妆品类、文身贴、假发等）、玩偶、钱包、鞋饰、家饰小件等。

二、饰品的特点

饰品与常规物品不同，不仅款式杂、数量多，而且小巧精致、容易丢失，大部分在价值上也比一般生活物品要贵重，需要好好保养，饰品的这些特点大大增加了收纳的难度。

任务实施

一、饰品整理收纳的基本原则

（一）分开存放

每一件饰品都应尽量分开存放收纳，避免饰品相互缠绕打结，或产生摩擦，以免表面出现划痕。

（二）保持干净干燥

尽可能将饰品保存在干净干燥的地方，还要防潮、防尘、防氧化，同时避免阳光直射。

（三）轻柔清洁

清洁饰品收纳工具时，用柔软非金属的小刷子或干布轻轻擦拭就好，以免饰品被造成损坏。

二、饰品整理收纳的基本技巧

（一）首饰盒收纳

提到饰品收纳，首先想到的自然是功能强大的首饰盒。目前市面上有各种各样的首饰盒，应尽量选择与饰品相匹配、品质好的首饰盒。

（1）想要防潮、易清洁、收纳可见，可选择亚克力材质的首饰盒。亚克力又称有机玻璃，化学名称为聚甲基丙烯酸甲酯，具有较好的透明性，化学性能稳定，高品质亚克力做出来的工艺品如水晶一般。想要显得简约大气，可选择木质首饰盒。木质首饰盒具有复古风格，相对来说性能也比较稳定。

（2）集中收纳，易找好拿取。所有饰品集中放在首饰盒中分区分类收纳，一目了然，方便拿取存放。

（二）收纳格收纳

如果有单独的抽屉空间，可以考虑将饰品直接收纳在抽屉里。值得注意的是，若直接放进去，饰品很容易缠在一起，需要搭配与抽屉尺寸相符合的收纳格，将抽屉空间分为几个区域，把饰品分类放在每个收纳格中，这样不用再担心饰品相互缠绕的问题。收纳格可以选择购买，也可以自己用纸板或塑料片制作。

（三）墙面收纳

如果墙面空间宽裕，可以在墙面上安装一个带镜子的壁挂式收纳柜，关上收纳柜门是镜子，打开后是首饰收纳柜，多种功能集一身，拿、取、收纳方便快捷。

此外，废弃不用的旧围巾、旧毛衣等针织用品，可随意裁剪成合适尺寸，用好看的衣架挂在墙面上，将平时经常佩戴的首饰，如耳钉、耳环、发卡等，挂在上面。

（四）桌面收纳架收纳

造型各异的桌面收纳架具有装饰感，能挂能摆，开放式设计使得各种首饰都能够了然于心。手链、项链、戒指和耳环等饰品都可以挂在上面，富有造型感的各种设计摆在哪里都如一道特别的风景线。

需要注意的是，因为桌面收纳架是敞开式的，所以不利于银饰的收纳，时间长了银饰容易氧化。

（五）收纳盘收纳

除了收纳架、收纳盒等工具，各式各样精美的收纳盘也是整理收纳饰品的良好选择。不同的首饰收纳盘造型多样、设计创新，既可放置在桌面上，也可以收纳进抽屉里，在收纳饰品的同时也能为家居增添一些不一样的创新色彩。

家里旧的盘子或茶杯也可以拿来制作首饰收纳盘，放在梳妆台上，收纳一些饰品。

任务评价

学生自我评价见表2-2-16，参考评价标准见表2-2-17。

表2-2-16　学生自我评价

任务项目	内容	分值	评分要求	评价结果
饰品的主要类别				
饰品整理收纳的基本原则				
饰品整理收纳技巧				

表2-2-17　参考评价标准

项目	评价标准
知识掌握（40分）	回答熟练、全面、正确： 了解饰品的主要类别（10分） 掌握饰品整理收纳的基本原则（15分） 掌握饰品整理收纳的技巧（15分）

项目	评价标准
操作能力 （40 分）	要求判断正确、到位，方案合理： 能够区分不同饰品的种类（15 分） 能熟练利用饰品整理收纳的基本原则和技巧整理收纳饰品（25 分）
人文素养 （20 分）	能够以严谨认真的态度和专业意识完成饰品整理收纳任务（10 分） 能够以客户为本，培养自身精益求精的工匠精神（10 分）
总分	

同步测试

一、单选题

1. 以下首饰种类中，不属于金属类的是（　　）。

   A. 铂　　　　　B. 镍合金　　　　　C. 宝玉石　　　　　D. 黄金

2. 以下关于饰品整理收纳基本原则的说法，不正确的是（　　）。

   A. 每一件饰品尽量分开存放收纳

   B. 尽可能保存在干净干燥的地方

   C. 饰品应多经常接受阳光照射

   D. 清洁饰品收纳工具时，用柔软非金属的小刷子或干布轻轻擦拭

二、简答题

简要论述饰品整理收纳的基本技巧。

参考文献

[1] 陈思燕，赵泽鑫，黄悦嘉，等．服装店铺陈列设施的空间分布及效果研究［J］．纺织报告，2018（1）：68－72．

[2] 车文博．心理咨询大百科全书［M］．杭州：浙江科学技术出版社，2001．

[3] 袁春楠．脱胎换骨的人生整理术［M］．长沙：湖南文艺出版社，2020．

[4] 人力资源社会保障部教材办公室．职业道德［M］．北京：中国劳动社会保障出版社，2018．

[5] 刘翔，薛刚．诚信（社会主义核心价值观·关键词）［M］．北京：中国人民大学出版社，2015．

[6] 林曦．弗里曼利益相关者理论评述［J］．商业研究，2010，400（8）：66－70．

[7] 上海家庭服务业行业协会．整理收纳师［M］．北京：中国劳动社会保障出版社，2021．

[8] 许琼林．职业素养［M］．北京：清华大学出版社，2016．

[9] 姜正国．劳动教育与工匠精神教程［M］．北京：北京理工大学出版社，2021．

[10] 中华人民共和国劳动法［M］．北京：中国法制出版社，2018．

[11] 王陇德．健康管理师基础知识［M］．北京：人民卫生出版社，2012．

[12] 朱眉华．社会工作实务手册［M］．北京：社会科学文献出版社，2006．

[13] 杜帅．客户管理必备制表与表格范例［M］．北京：中国友谊出版公司，2018．

[14] 屈笑羽．企业市场营销中客户关系管理的价值探究［J］．上海商业，2022（7）：45－47．

[15] 中共中央马克思恩格斯列宁斯大林著作编译局．列宁全集（第6卷）［M］．北京：人民出版社，1986．

[16] 全国社会工作者职业水平考试教材编写组．社会工作实务［M］．北京：中国社会出版社，2020．

[17] 三木雄信．人人都是项目经理［M］．朱悦玮，译．北京：北京时代华文书局，2020．